地方智库报告
Local Think Tank

内蒙古东水西调工程
前期研究

·
·
·

殷峻暹　梁　云　张春玲
主编

中国社会科学出版社

图书在版编目（CIP）数据

内蒙古东水西调工程前期研究／殷峻暹，梁云，张春玲主编. —北京：
中国社会科学出版社，2019.8
　（地方智库报告）
　ISBN 978 - 7 - 5203 - 4821 - 8

　Ⅰ.①内…　Ⅱ.①殷…②梁…③张…　Ⅲ.①跨流域引水—调水工程—
研究—内蒙古　Ⅳ.①TV68

中国版本图书馆 CIP 数据核字（2019）第 171416 号

出 版 人	赵剑英	
责任编辑	喻　苗	
特约编辑	王玉静	
责任校对	李　剑	
责任印制	王　超	

出　　版	中国社会科学出版社	
社　　址	北京鼓楼西大街甲 158 号	
邮　　编	100720	
网　　址	http://www.csspw.cn	
发 行 部	010 - 84083685	
门 市 部	010 - 84029450	
经　　销	新华书店及其他书店	

印　　刷	北京君升印刷有限公司	
装　　订	廊坊市广阳区广增装订厂	
版　　次	2019 年 8 月第 1 版	
印　　次	2019 年 8 月第 1 次印刷	

开　　本	787×1092　1/16	
印　　张	6.5	
字　　数	68 千字	
定　　价	38.00 元	

主　编：

殷峻暹　中国水利水电科学研究院
梁　云　中国水利水电科学研究院
张春玲　中国水利水电科学研究院

编写人员：

冷　冰　内蒙古自治区节能与应对气候变化中心
张双虎　中国水利水电科学研究院
高　国　内蒙古自治区节能与应对气候变化中心
张丽丽　中国水利水电科学研究院
云　鹏　内蒙古自治区节能与应对气候变化中心
王晓辉　深圳市水务科技信息中心
王　涛　中国水利水电科学研究院
付　敏　中国水利水电科学研究院
吉　海　深圳市水务科技信息中心
朱晓庆　深圳市水务科技信息中心
杨　硕　中国水利水电科学研究院
洪樱珉　中国水利水电科学研究院

专家组：

王　浩　中国工程院
罗　琳　水利部南水北调规划设计管理局
黄跃飞　清华大学
侯召成　南水北调中线干线工程建设管理局
张少波　内蒙古自治区水利科学研究院
杜效鹤　水电水利规划设计总院
仇文顺　北京市南水北调工程建设委员会
赵　莹　内蒙古自治区水利科学研究院

前　　言

　　水资源是当今社会经济发展非常重要的战略资源，与国民生计息息相关。内蒙古自治区是中国重要的生态屏障与国防安全线，但其位于大陆内部，远离海洋，所处的干旱半干旱气候决定了内蒙古地区水资源量不足。随着内蒙古地区经济社会的快速发展，本地水资源供需矛盾突出的特点尤为明显，已经成为制约当地经济社会发展的瓶颈。

　　2014 年 1 月 26 日至 28 日，习近平总书记亲临内蒙古考察指导并发表重要讲话，明确提出了"守望相助"、"把祖国北部边疆这道风景线打造得更加亮丽"的时代要求。"守，就是守好家门，守好祖国边疆，守好内蒙古少数民族美好的精神家园；望，就是登高望远，规划事业、谋划发展要跳出当地、跳出自然条件限制、跳出内蒙古，有宽广的世界眼光，有大局意识；相助，就是各族干部群众要牢固树立平等团结互助和谐的思想，各族人民拧成一股绳，共同守卫祖国边疆，共同创造美好生活。""守望相助"，内蒙古需要切实肩负起做好边疆民族地区工作的政治责任。把内蒙古这道祖国北部边疆风景线打造得更加亮丽，是党中央对内蒙古工作的新定位、新要求。

锡林郭勒盟（以下简称锡盟）是内蒙古自治区所辖盟，位于内蒙古自治区的东西部交界带，是中国草地类型和植被种类最为齐全的草原地区。其既是国家重要的畜产品基地，又是西部大开发的前沿，是距京、津、唐地区最近的草原牧区。北与蒙古国接壤，边界线长 1098 千米。南邻河北省张家口、承德地区，西连乌兰察布市，东接赤峰市、兴安盟和通辽市，总面积 20.3 万平方千米，是东北、华北、西北交界地带，具有对外贯通欧亚，对内连接东西、北开南联的重要作用。

锡盟作为保障首都、服务华北、面向全国的清洁能源输出基地和全国重要的现代煤化工生产示范基地，水资源不足已然成为煤电基地发展的主要"瓶颈"之一。煤电基地建设与开发活动均不同程度导致了区域水资源供需矛盾加剧、水环境质量下降、地下水超采等环境问题。

内蒙古自治区针对锡盟缺水问题，一直致力于调水工程的规划和建设。目前，现有的和规划中的调水工程包括：2005 年锡林郭勒盟行署和山西连顺能源有限公司委托中国水利水电科学研究院编制《引渤济锡海水输送工程方案规划报告》；2006 年锡盟水利局委托内蒙古自治区水利水电勘测设计院编制《引哈济锡工程可行性研究报告》；2012 年葛洲坝集团电力有限公司和大兴安岭塔林西水电开发有限责任公司委托黑龙江省水利水电勘测设计研究院编制《内蒙古自治区锡林郭勒盟供水工程规划方案》；2015 年锡林郭勒盟发展和改革委员会委托内蒙古自治区水利水电勘测设计院编制《引嫩济锡工程调水方案》；2015 年内蒙古自治区水利厅委托中水东北勘测设计研究有限责任公司编制《引嫩济锡（霍）工程规划报告》；2015 年内蒙古水利厅委托中水东北勘测设计研究有限责任公司和内蒙古自治区水利水电勘测设计院编制《引绰济辽可行性研究报告》，此报告 2017 年经调整，由国家发展和改革委员会以发改农经〔2017〕1155 号文件批复。

中国水利水电科学研究院水资源所承担的"内蒙古东水西调工程前期研究"项目受到国家重点研发计划项目（2016YFC0401808）支持。本书内容包括研究背景、锡林郭勒盟发展态势与需水预测、锡林郭勒盟水资源供需分析、工程调水方案分析、研究概要与方案建议五部分。本书在编写过程中受到中国工程院王浩院士的悉心

　　指导，在此表示感谢。书中 2020 年、2030 年数据根据
《锡林郭勒盟盟域城镇体系规划（2014—2030 年）》，及
锡林郭勒盟未来经济社会发展趋势相关工程报告进行综
合考虑计算得出。

　　本书研究认为，通过调水工程可以从根本上缓解锡
盟地区长期资源型缺水的矛盾，保障沿线经济社会建设
用水要求，促进其经济社会的发展，控制地区差距的扩
大趋势，推动民族团结进步；同时作为地方可持续的重
大水资源配置工程，调水工程可通过调节径流有效缓解
锡盟地区严重缺水的状况，遏制生态环境恶化态势，保
护草原生态环境，构筑北疆生态防线，改善地区生态环
境，在保持边疆和谐稳定方面具有重要的战略意义。

目　　录

第一章 研究区域概况

第一节 内蒙古相关地区概况

内蒙古自治区（以下简称内蒙古）位于中国北部边疆，由东北向西南斜伸，呈狭长形，东西直线距离 2400 千米，南北跨度 1700 千米，横跨东北、华北、西北三大区。土地总面积 118.3 万平方千米，占全国总面积的 12.3%，在全国各省、直辖市、自治区中名列第三位。东南西与 8 省区毗邻，北与蒙古国、俄罗斯接壤，国境线长 4200 千米。其首府呼和浩特市，辖 9 个地级市、3 个盟（合计 12 个地级行政区划单位），23 个市辖区、11 个县级市、17 个县、49 个旗、3 个自治旗（合计 103 个县级行政区划单位）。

锡林郭勒盟（以下简称锡盟）蒙语意为丘陵地带河，位于中国的正北方，内蒙古自治区中部，经度范围为 111°59′E—120°00′E，纬度范围为 42°32′N—46°41′N。
北与蒙古国接壤，边界线长 1098 千米，东邻内蒙古自
治区赤峰市、通辽市、兴安盟，西接乌兰察布市，南与
河北省承德市、张家口市毗邻。东西长 70 余千米，南
北宽 500 余千米，总面积为 20.3 万平方千米，占内蒙古
总面积的 17.2%。其所辖 2 个县级市、1 个县、9 个旗、
1 个管理区。其距首都北京 640 千米，距呼和浩特市 620
千米，是距京、津、唐地区最近的草原牧区，属于东
北、华北、西北交汇地带；有二连浩特和珠恩嘎达布其
2 个常年开放的陆路口岸，具有连通蒙俄、北开南联的
独特区位优势。

锡盟地区拥有丰富的草场资源，动植物种类繁多，
是世界驰名的四大草原之一，属欧亚大陆草原区，也
是我国四大天然草场之一，位居全区之首。草场总面
积 19.30 万平方千米，占内蒙古自治区总面积的
95.26%；其中可利用草场面积 18 万平方千米。主要
分为五大类，由草甸草原、典型草原、荒漠草原、沙
地植被和其他草场类组成。丰富的草场资源孕育了锡
盟地区优质的畜牧资源，锡盟地区是国家重要的畜产
品基地。年肉类总产量 20.8 万吨，皮张产量 791.4 万
张，绒毛产量 1.65 万吨，奶类产量 14.3 万吨，广袤
的草地资源和丰富的畜产品为畜牧业、畜产品加工业

提供了良好的资源条件。

　　锡盟地区不仅具有草场畜牧资源，也具有丰富的矿产资源、风能以及太阳能资源。锡林郭勒矿产资源丰富，已发现矿种 80 余种，探明储量的有 30 余种，其中煤炭、石油、天然碱探明储量分别为 1393 亿吨、1.8 亿吨和 4500 万吨。煤炭资源尤为丰富，探明储量 1448 亿吨，探明加预测储量 2600 亿吨，储量百亿吨以上的煤田有 5 处；石油探明储量 3.2 亿吨，远景储量 13 亿吨；褐煤总储量在全国居第一位。铁、铜、铅、锌、钨、金、银、锗等金属矿储量也相当可观。受地势东南向西北倾斜的作用，根据风能分类区划指标，全盟均为风能可利用区。因锡盟气候干旱、阴天较少，大气透明度高，日照时数和年总辐射量都高于同纬度的平原地区，因此，开发利用太阳能有非常优越的条件。

　　除此之外，锡盟地区也具有优质农作物资源，以旱作农业为主，主要种植小麦、莜麦、马铃薯、胡麻等农作物。同时锡盟也是中国北方重要的游牧民族聚集地，蒙元文化的发祥地，蒙古族人文特色鲜明、民俗民风浓郁，旅游资源十分丰富。

　　锡盟位于阴山山脉的北部、大兴安岭的西部，地貌形态以高平原为主体，兼有丘陵盆地，地势南高北低，东部和南部多低山丘陵，盆地错落其间，为大兴安岭向西和阴山山脉向东延伸的余脉。西部和北部地形平坦，零星分布低山丘陵和熔岩台地，为高原草场，海拔为800—1800米。浑善达克沙地又称小腾格里沙地，由西北向东南横贯中部，东西长约280千米，南北宽40—100千米，属半固定沙地。年平均降水量在150—420毫米之间，而年平均蒸发量为1700—2700毫米。地表水系不发达，地表水资源缺乏；地下水资源总量丰富，但水质较差，不宜饮用。

锡盟地广人稀，人均水资源贫乏，低于内蒙古地区平均水平，属于水资源占有量比较低的地区。同时存在水资源时空分布严重不平衡的现象。锡盟所具有的丰富资源为其发展提供了良好的基础，但受水资源贫乏的限制，用水项目和用水区水资源供求矛盾突出，阻碍了锡盟地区的发展，为从根本上解决锡盟地区的水资源紧缺的限制，修建调水工程是切实可行的。

第二节　工程建设必要性分析

锡林郭勒盟地区水资源供需存在矛盾，当地的水资源量难以满足经济社会发展及其生活的需要，东水西调工程可以从根本上缓解锡盟地区水资源供需矛盾，因此具有重要的战略意义。主要体现在以下几点：

一　建设生态安全屏障，维系脆弱沙地生态环境与改善水资源需求

锡盟位于中国北方干旱与半干旱地区，气候干旱，生态平衡功能脆弱。农牧业生产不稳定，又是中国北方重要的生态防线。因此，锡林郭勒盟地区的生态环境状况对北京及华北其他地区的生态环境都有着重要的影响。锡盟地区土地覆被/土地利用类型主要以典型草原、农牧交错带以及农耕区为主，东北部为乌珠穆沁盆地，河网密布、水源丰富，西南部为浑善达克沙地，由一系列的垄岗沙带组成，多为固定和半固定沙丘。由于人类不合理地开发和利用自然资源，锡盟地区生态环境退化明显，使得生态系统生产力下降，对外界环境的变化敏感，抗干扰能力降低。具体主要表现在草地退化、土地沙化、盐碱化和恶劣天气增加等方面，生态环境不断恶化。即便地下水资源相对比较富集的浑善达克沙地地区，水资源多为沙漠潜水，它是维系沙地生态的源泉，地下水位下降，将引起地表大批植物死亡，沙地植被将急转直下。构筑稳定的边疆生态安全屏障，针对当前多个旗县地下水开采已超警戒线，对区域生态环境造成的威胁，为此，急需实施水源替换，合理控制地下水开采利用，维系与改善生态环境。

二　改善民生保障稳定，解决本地人畜饮水水质不安全的问题

"十二五"期间，锡盟逐步解决了城乡人畜饮水问题，"十三五"正在稳步推进农村牧区饮水安全巩固提升。但是，在水质保障方面，依然存在消毒设备配套不完善，水处理设施简陋等情况，供水水质尚存在较大问题。据资料分析，2015 年底，全盟农村牧区供水工程总数为 39440 处，供水水质达标的工程 17757 处，水质达标工程不足 50%。这是由于锡盟本地地层结构复杂，地下水赋存条件差，使得成井难度大、水量少、水质差。锡盟地区地下水以高氟水以及苦咸水居多，并存在地下水水体中铁、锰离子超标的共性问题。地表水资源的缺乏使得多数地区以地下水作为主要的供水水源，但不符合饮用水水源的地下水的饮用，会威胁当地人畜饮用水安全。有些地区铁离子超标严重，饮用超标地下水对人体有较大害处，而水体中含铁量在超过 1 毫克/升时会产生明显金属铁锈味道，并且水中 Fe^{3+} 含量较大时，会使得水体呈黄褐色，对人的感观影响较大。长期饮用高氟水，轻者形成氟斑牙，重者造成氟骨症，给个人及家

第一章 研究区域概况 7

庭带来沉重负担。农牧民承受着生理和心理的巨大痛苦。解决牧区人民的饮水安全问题，必然需要水质合格、水量充足的水源来保障。

三　经济社会持续发展，区域发展受本地可利用水资源的约束明显

全面考虑人口、产业发展与生态环境维护与改善，分析得到全盟用水总需求 2020 年将达到 5.89 亿立方米，较现状增长 1.28 亿立方米；2030 年将达到 6.69 亿立方米，较现状增长 2.08 亿立方米。在充分挖掘盟内各类水源的可利用情况，未来地表水库供水能力与再生水等非常规水源供水能力的开发，以及对当前地下水供水能力中不合格水质井供水能力和超采超容量地下水开采的返还情况的基础上，2020 年全盟各水源供水能力为 4.59 亿立方米，2030 年供水能力为 4.97 亿立方米，供需缺口依然有近 2 亿立方米。即使最严格水资源管理制度划定的总量控制红线 2020 年、2030 年全盟用水总量可控制在 8.08 亿立方米和 8.37 亿立方米以内，有指标但无可供水源的现实矛盾将制约区域经济社会的发展。中远期，锡盟的发展势必需要借助外来水源的保障，因此实施调水工程势在必行。

四　推进发展边贸经济，"一带一路"重要节点水资源安全保障需求

　　锡盟拥有口岸资源和沿边地缘优势，国家提出"一带一路"倡议以来，锡盟融入了"一带一路"建设，深化与蒙俄多领域合作，向北开放暨口岸发展，对加快推进欧亚新通道建设，畅通中蒙两国对外贸易通道，促进相关地区做大做强港口经济具有重要意义。二连浩特作为中国对蒙开放的最大陆路口岸，在参与"一带一路"经济带建设中具有重要战略地位。然而，二连浩特水资源极度短缺，地表无河流水系，可开采地下水资源也不足 100 万立方米，即使经济社会发展用水每年都在 800 万立方米左右的现状条件下，本地水资源也无法支撑地方人口与经济的发展，目前其水源依赖 67 千米以外的齐哈日格图苏木的古河道。但是，古河道水源一方面可开采水资源有限，另一方面水源补给缓慢，区域发展的水资源需求将难以满足，"一带一路"的重要口岸节点亦难以保证稳定持续地发挥其重要的战略作用。

　　综上所述，为把锡盟——这道中国北部边疆的风景线打造得更加亮丽，促进区域经济社会的可持续发展、维系与改善北疆生态屏障的安全，稳定牧区人民的生产

与生活、保障"一带一路"倡议的顺利推进，亟待实施区域水源的合理配置，尽早实施外调水工程论证与建设。根据分析结果，2030 年全盟可供水源缺口在 2 亿立方米左右，再考虑远期发展与区域水源的替换与调整，外调水量需求将超过 2 亿—2.5 亿立方米。锡盟外调水工程论证与建设应提到新的日程上。

第三节　工程项目区概况

一　调入区概况

锡盟降水量的分布与大兴安岭山脉的走向和海拔高度有直接关系，降水等值线走向与山脉走向一致，降水较多的地区主要在南部和东北偏南部，年降水量在 300 毫米以上，最少的区域在西北部，年降水量不足 170 毫米。降水量总体上呈南多北少，东多西少的分布特征。

锡林郭勒盟气候干燥，地表有水系发育，全盟有主要河流 20 条，大小湖泊 1363 个，其中淡水湖 672 个，境内河流多集中在东北部、中部和南部旗县。主要分属乌拉盖水系、呼尔查干淖尔水系和滦河三大水系。由于近 10 年气候干旱造成多条河流断流，目前，只有滦河、巴音河、乌拉盖河为常年有水河流，其他河流均为季节性河流，河流年平均径流量 5.39 亿立方米，总流域面积为 8.22 万平方千米。

滦河水系主要流经南部的正蓝旗、太仆寺旗和多伦县。较大的河流有滦河、闪电河、吐力根河、黑风河、小河子河 5 条河流，流域面积 0.64 万平方千米，河流总长度约为 334.1 千米，多年平均径流量 1.95 亿立方米。

呼尔查干淖尔水系为阴山以北的内陆水系，位于浑善达克沙地及其北部地区，流域面积 7880 平方千米，年径流量 0.59 亿立方米。主要河流有恩格尔河、辉腾河、高格斯台河和巴音河 4 条河流，河流全长 488.2 千米，最终汇入查干淖尔。东乌旗，西乌旗也包括额尔古纳河和西辽河水系，分布面积较小，流域面积不足 1000 平方千米。

乌拉盖河水系为内陆河水系，发源于大兴安岭西侧浅山区，主要流经东乌旗、西乌旗和锡林浩特市，较大的支流有巴拉格尔河、吉林河、锡林河、乌拉盖河等，流域面积 6.8 万平方千米，多年平均径流量 2.97 亿立方米。

二 调出区概况

根据工程调入区——锡林郭勒盟的地理位置、所在区域地势，结合周边区域河流水系分布、水资源丰沛程度等情况，初步选择调水工程的水源区有：松花江流域的嫩江及其支流淖尔河，黑龙江干流，哈拉哈河以及渤海地区。

（一）嫩江流域

嫩江是松花江最大支流，自北向南流经内蒙古地区、黑龙江省以及吉林省，干流全长 1370 千米。嫩江接纳了许多发源于大小兴安岭的支流，主要有甘河、诺敏河、雅鲁河、淖尔河、洮儿河、科洛河、讷漠尔河、乌裕尔河等，组成树枝状的水系，流域面积 29.85 万平方千米，多年平均水资源总量为 367.75 亿立方米。2020水平年，嫩江流域河道外地表水多年平均分配水量分别为：内蒙古自治区 38.22 亿立方米，黑龙江省 70.61 亿立方米，吉林省 18.75 亿立方米。

淖尔河是嫩江第一大支流，发源于大兴安岭东麓内蒙古自治区牙克石市境内，流经扎赉特旗和黑龙江省龙江县、泰来县，在泰来县江桥镇西北注入嫩江。流域面积 17736 平方千米，其中内蒙古自治区 16914 平方千米，占 95.4%，黑龙江省 822 平方千米，占 4.6%。多年平均径流量为 20.89 亿立方米。

（二）渤海地区

渤海是一个半封闭的内海，是中国唯一的内海、中国最北的近海，地处中国大陆东部北端，即北纬 37°07′—41°00′，东经 117°35′—122°15′ 的区域，三面环陆，被辽宁省、河北省、天津市、山东省陆地环抱，通过渤海海峡与黄海相通。由北部辽东湾、西部渤海湾、南部莱州湾、中央浅海盆地和渤海海峡五部分组成。入海的主要河流有黄河、辽河、滦河和海河，年径流总量达 888 亿立方米。渤海海域面积 77284 平方千米，大陆海岸线长 2668 千米，平均水深 18 米，最大水深 85 米，20 米以下的海域面积占一半以上。渤海地处北温带，夏无酷暑，冬无严寒，年降水量 500—600 毫米，海水盐度为 30‰。

第二章 锡林郭勒盟发展态势与
需水预测

第一节 人口发展与需水预测

2015 年末，锡盟常住人口为 104.26 万人，比 2014 年末增加 0.22 万人。其中，城镇常住人口为 66.59 万人，占全盟常住人口的 63.87%；农村牧区常住人口为 37.67 万人，占比为 36.13%。全年实现地区生产总值 1002.60 亿元，比 2014 年增长 7.7%。其中，第一产业增加值 105.50 亿元，增长 4.6%；第二产业增加值 613.72 亿元，增长 8.7%；第三产业增加值 283.38 亿元，增长 6.1%。三次产业结构比重为11∶61∶28。按常住人口计算，全年人均生产总值96292 元，比 2014 年增长 7.5%。2005—2015 年的地区生产总值及其增长速度如图 2—1 所示。

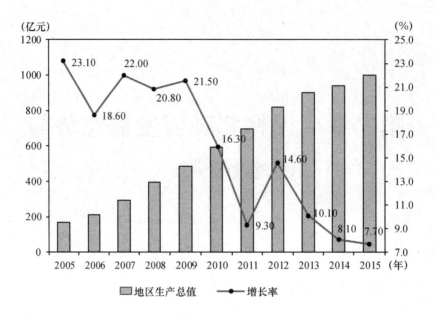

图 2—1　锡盟 2005—2015 年地区生产总值及其增长速度

数据来源：《锡林郭勒盟国民经济和社会发展统计公报》（2005—2015 年）。

由表 2—1 可知，2015 年锡盟的城镇化率与全国和内蒙古自治区相比稍高，但相对于鄂尔多斯的 73.1% 处于稍低的水平；人均生产总值与全国和内蒙古自治区相比稍高，但远远低于鄂尔多斯的人均生产总值 206645.2 元。

表 2—1　　2015 年全国、内蒙古、鄂尔多斯与锡盟经济社会指标

区域	常住人口（万人）	城镇化率（%）	地区生产总值（亿元）	工业增加值（亿元）	三次产业结构	人均生产总值（元）
全国	137462	56.1	676708	228974	9：41：50	49351
内蒙古	2511.04	60.3	18032.8	7939.2	9：51：40	71903

续表

区域	常住人口（万人）	城镇化率（%）	地区生产总值（亿元）	工业增加值（亿元）	三次产业结构	人均生产总值（元）
鄂尔多斯	204.51	73.1	4226.1	2131.2	2∶57∶41	206645.2
锡盟	104.26	63.9	1002.6	544.04	11∶61∶28	96292

数据来源：全国数据来源于《中国统计年鉴2016》，内蒙古、鄂尔多斯、锡盟数据来自各地区《国民经济和社会发展统计公报》（2015年）。

　　锡盟生活用水量的增长是人口城镇化、人口数量及结构变化等因素的综合结果。锡盟所辖9旗2市1县和1个管理区，常住人口从2005年的100.21万人增长至2015年的104.26万人（具体增长趋势如图2—2所示）。其中2015年城镇人口为66.59万人，城镇化率达到63.9%。

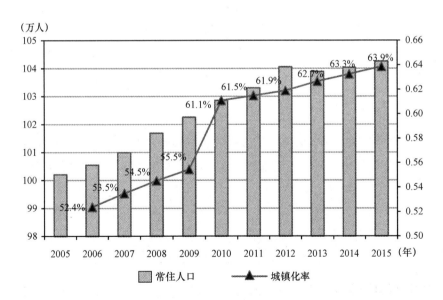

图2—2　锡盟2005—2015年常住人口及城镇化程度变化

　　数据来源：《锡林郭勒盟国民经济和社会发展统计公报》（2005—2015年），其中2005年没有城镇化程度的数据。

　　未来锡盟人口发展的特点是常住人口的增长率呈逐年降低趋势，城市化率呈逐年上升趋势。随着城市化进程加快，人口规模要发生很大的变化。根据 2015 年 6 月中国城市发展研究院在《锡林郭勒盟盟域城镇体系规划（2014—2030 年）》中关于锡盟的城镇化水平和城镇人口的科学预测，锡盟 2020 年全盟总人口将达到 120 万人，城镇化率达到 70%；2030 年总人口将达到 132 万人，城镇化率达到 80%（见表 2—2）。

表 2—2　　　　　　　　　　锡盟常住人口现状与发展预测

	2015 年	2020 年	2030 年
常住人口（万人）	104. 26	120	132
城镇化率（%）	64	70	80
城镇（万人）	66. 59	84. 00	105. 60
农村牧民（万人）	37. 67	36. 00	26. 40

　　数据来源：2015 年数据来源于《锡林郭勒 2015 年国民经济和社会发展统计公报》，2020 年、2030 年数据来源于《锡林郭勒盟盟域城镇体系规划（2014—2030 年）》。

　　根据 2015 年锡盟生活用水量为 0. 45 亿立方米，人均用水定额为 118 升/天。参考内蒙古自治区地方标准（DB15/T385—2009）《内蒙古自治区行业用水定额标准》（2010 年 4 月 1 日实施）关于社会用水定额标准，

100 万人口以上特大城市城镇居民社会用水定额为 135
升/人·天。结合内蒙古自治区及自治区内的其他地区
现状人均用水定额，预测锡盟 2020 年人均用水定额为
125 升/人·天，生活需水量为 0.55 亿立方米；2030 年
人均用水定额为 130 升/人·天，生活需水量为 0.63 亿
立方米（见表 2—3）。

表 2—3　　　　　　　　　锡盟生活用水现状与需水预测

		2015 年	2020 年	2030 年
常住人口（万人）	城镇人口	66.59	84	105.6
	农村人口	37.67	36	26.4
用水定额（升/人·天）	城镇	118	125	130
	农村	74	80	85
需（用）水量（亿立方米）		0.31	0.48	0.58

数据来源：2015 年数据来源于《锡林郭勒 2015 年国民经济和社会发展统计公报》
与《锡林郭勒盟水资源公报（2015 年）》。

第二节　产业发展与需水预测

产业需水包括农业需水和工业需水。

一　农业

（一）种植业

2015 年锡盟农作物种植面积为 342 万亩，其中粮食作物种植面积234.3 万亩，与 2014 年持平。粮食总产量 37.00 万吨，同比增长 3.8%；油料产量 2.35 万吨，同比增长 16.7%；甜菜产量 1.29 万吨，同比下降 40.4%；蔬菜产量 113.33 万吨，同比增长 10.1%。近 10 年来的全盟农作物种植面积及农田有效灌溉面积如图 2—3 所示。

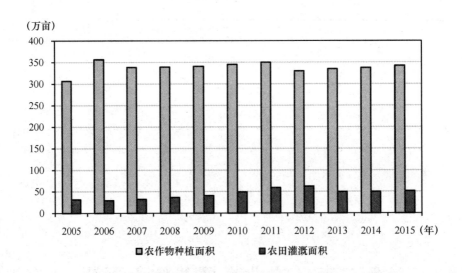

图 2—3　锡盟 2005—2015 年农作物种植面积及农田灌溉面积变化

数据来源：《锡林郭勒盟统计年鉴》（2006—2016 年）。

根据 2016 年 6 月锡林郭勒盟行政署发布《锡林郭

勒盟国民经济和社会发展第十三个五年规划纲要》关于大力发展优质特色作物的要求，要优化种植结构，扩大杂粮豆、油料、蒙药、蔬菜、瓜果等特色经济作物种植面积，加强荒漠作物种植，打造京北蔬菜种植基地。到2020年，农作物播种面积要稳定在380万亩左右。

2015年锡盟农灌用水量为0.9亿立方米，农灌用水定额为176立方米/亩。参考内蒙古自治区地方标准（DB15/T385—2015）《内蒙古自治区行业用水定额标准》（2015年12月20日实施）关于农灌用水定额标准，结合内蒙古自治区及自治区内的其他地区现状农灌用水定额，预测锡盟2020年农灌用水定额为165立方米/亩，农灌需水量为0.94亿立方米；2030年农灌用水定额为145立方米/亩，农灌需水量为1.10亿立方米。

表2—4　　　　　　　　　锡盟种植业现状与需水预测

	2015 年	2020 年	2030 年
灌溉面积（万亩）	51.32	57.00	76.00
用水定额（立方米/亩）	176	165	145
需（用）水量（亿立方米）	0.90	0.94	1.10

数据来源：2015年数据来源于《锡林郭勒盟统计年鉴》（2016年）。

（二）畜牧业

锡盟是国家和自治区重要的畜产品基地，2015

年锡盟大牲畜和羊存栏头数达 1548.57 万头（只），
比 2014 年增长 5.4%。2005—2015 年畜牧业发展变
化如图 2—4 所示，锡盟的畜牧业发展之前以小牲畜
为主，小牲畜数量占总牲畜的 90% 以上。

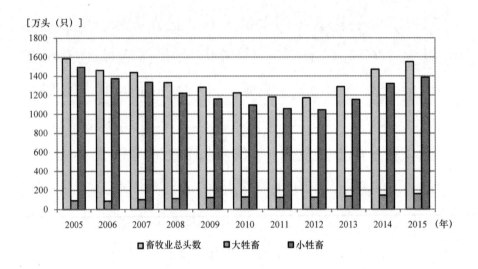

图 2—4　锡盟 2005—2015 年牲畜数量变化

数据来源：《锡林郭勒盟国民经济和社会发展统计公报》（2005—2015 年）。

2015 年以来，盟委、行署主动适应市场需求变化，
大力实施"减羊增牛"战略，出台《关于加快发展优良
肉牛产业的决定》，编制《优良肉牛产业发展规划
（2016—2020）》，制定了配套扶持政策。争取到 2020 年
打造国内规模最大、标准最高的良种肉牛繁育基地，全
盟优质良种肉牛存栏达到 300 万头，年出栏 100 万头以
上；坚持稳步过渡、提纯复壮，逐步将小牲畜年度总头

数控制在 500 万头以内，重点保护好乌珠穆沁羊、苏尼特羊、察哈尔羊等地方优良品种；到 2020 年，牲畜存栏稳定在 900 万头以内。

2015 年锡盟畜牧业饮用水量为 0.65 亿立方米，大牲畜饮用水定额为 43 升/头·天，小牲畜饮用水定额为 8 升/头·天。参考内蒙古自治区地方标准（DB15/T385—2015）《内蒙古自治区行业用水定额标准》（2015 年 12 月 20 日实施）关于牲畜饮用水定额的标准，结合内蒙古自治区及自治区内的其他地区现状牲畜饮用水定额，预测锡盟 2020 年大牲畜饮用水定额为 60 升/头·天，小牲畜饮用水定额为 8 升/头·天，畜牧业需水量为 1.02 亿立方米；2030 年大牲畜饮用水定额为 60 升/头·天，小牲畜饮用水定额为 8 升/头·天，畜牧业需水量为 1.02 亿立方米。

表 2—5　　　　　　　锡盟畜牧业现状与需水预测

	2015 年	2020 年	2030 年
大牲畜（万头）	162.12	400	400
饮用水定额（升/头·天）	43	60	60
小牲畜（万头）	1386.45	500	500
饮用水定额（升/头·天）	8	8	8
需（用）水量（亿立方米）	0.65	1.02	1.02

数据来源：2015 年数据来源于《锡林郭勒盟统计年鉴》（2016 年），2020 年、2030 年数据以《内蒙古自治区行业用水标准定额》（DB15/T385－2015）为标准划定。

（三）林业和草地植被

2015 年锡盟森林覆盖面积为 150.22 万公顷，全年完成造林面积 5.18 万公顷。其中，人工造林 2.39 万公顷，飞播造林 1.35 万公顷，无林地和疏林地 1.45 万公顷。草场面积为 13763.4 万亩。

根据 2016 年 6 月锡林郭勒盟行政署发布的《锡林郭勒盟国民经济和社会发展第十三个五年规划纲要》关于森林覆盖率和草场植被盖度"十三五"目标规划，到 2020 年全盟森林覆盖率达到 8%，草场植被盖度达到 48%。预测 2030 年锡盟森林覆盖率和草场植被盖度分别为 10% 和 50%。结合锡盟水资源特点分析，其地区属于严重缺水区域，预测 2020 年和 2030 年林业和草地需水量保持不变。

表 2—6　　　　　　　　锡盟林业和草地现状与需水预测

	2015 年	2020 年	2030 年
森林覆盖面积（公顷）	162.4	203	162.4
草地面积（万亩）	13763.4	14616	15225
需（用）水量（亿立方米）	1.23	1.23	1.23

数据来源：2015 年数据来自《锡林郭勒盟统计年鉴》（2016 年）。

（四）农业需水汇总

农业需水包括种植业、林果业、畜牧业和草场灌溉等几个方面。2020 年农业需水量为 3.19 亿立方米，其中种植业灌溉需水量变化不明显，因为在灌溉技术进步的同时，灌溉工程覆盖的面积也增加了；畜牧业需水量增加，主要是由于"减羊增牛"战略的实施，畜牧业养殖结构发生变化，大牲畜数量增加；草场和林业需水量不变，主要是因为森林覆盖率和草场植被盖度增加的同时，灌溉技术也有进步。2030 年农业需水量为 3.35 亿立方米。

表 2—7	锡盟农业现状与需水预测		单位：亿立方米
	2015 年	2020 年	2030 年
农业需（用）水	2.78	3.19	3.35
种植业灌溉	0.90	0.94	1.10
畜牧业	0.65	1.02	1.02
草地和林业灌溉	1.23	1.23	1.23

数据来源：2015 年数据来自《锡林郭勒盟统计年鉴》（2016 年）。

二 工业

锡盟地区工业生产形势良好，工业在实现地区生产总值中占主导地位。2005 年全年实现生产总值 169.22

亿元，在三次产业比重中，第二产业比重达 47.8%，其中工业比重达 35.5%。全部工业增加值 60.06 亿元，比 2004 年增长 37.2%。2015 年全部工业增加值 544.04 亿元，比 2014 年增长 8.9%。其中，规模以上工业增加值增长 9.6%，规模以下工业增加值增长 5.9%。近十年的全部工业增加值和比上年增长情况变化趋势如图 2—5 所示。

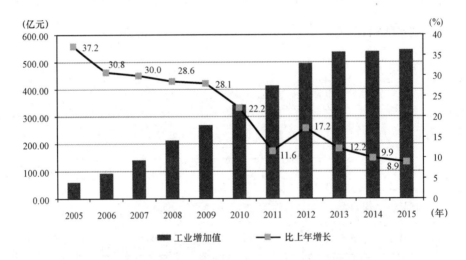

图 2—5　锡盟 2005—2015 年工业增加值和比上年增长变化

数据来源：《锡林郭勒盟国民经济和社会发展统计公报》（2005—2015 年）。

考虑锡盟近十年的全部工业增加值和比上年增长情况变化趋势，根据 2016 年 6 月锡林郭勒盟行政署发布的《锡林郭勒盟国民经济和社会发展第十三个五年规划纲要》中规划经济保持中高速增长态势，其中地区生产总值年均增长 8.5% 左右，达到 1508 亿元以上；规模以上工业增加值年均增长 9.5% 左右。预测锡盟 2020 年全部工业增加值年均增长 9.0%，全部工业增加值增至 856.45 亿元；2030 年全部工业增加值年均增长 8.5%，全部工业增加值增至 1348.25 亿元。

结合内蒙古自治区及自治区内的其他地区万元工业增加值用水量，根据《关于实行最严格水资源管理制度的实施意见》（锡署发〔2014〕130 号）中确立用水效率控制红线，到 2015 年，万元工业增加值用水量较 2010 年下降 22%。预测锡盟 2020 年万元工业增加值用水量较 2015 年下降 15%，万元工业增加值用水量为 12.32 立方米/万元，工业需水量为 1.05 亿立方米；2030 年万元工业增加值用水量较 2020 年下降 10%，万元工业增加值用水量为 11.13 立方米/万元，工业需水量为 1.50 亿立方米。

表 2—8 　　　　　　　锡盟工业用水现状与需水预测

	2015 年	2020 年	2030 年
工业增加值（亿元）	544.04	856.45	1348.25
万元工业增加值用水量（立方米/万元）	14.49	12.32	11.13
需（用）水量（亿立方米）	0.79	1.05	1.50

数据来源：2015 年数据来自《锡林郭勒盟国民经济和社会发展统计公报》（2015 年）。

第三节　生态环境需水预测

生态环境用水是指为维持生态与环境功能和进行环境建设所需要的最小需水量。生态环境需水具有地域性、自然性和功能性特点。因此，生态环境需水预测以《全国生态环境建设规划纲要》为指导，根据《锡林郭勒盟城镇体系规划（2014—2030）》及锡盟生态环境面临的主要问题，拟定生态保护与环境建设的目标。锡盟的生态需水主要包括河湖补给、城镇绿化和道路公共用水。锡盟 2015 年生态用水量为 0.59 亿立方米。

一　锡盟生态现状

锡盟地表水系主要分布在东北部、中部和南部，主要河流有 20 条，由于气候干旱、多条河流断流，目前，只有滦河、巴音河、乌拉盖河为常年有水河流，其他河流均为季节性河流，河流年平均径流 5.39 亿立方米，总流域面积为 8.22 万平方千米。锡盟大小湖泊（淖尔）星罗棋布，约有 1363 个，大部分为季节性湖泊（诺尔），其中淡水湖 672 个，较大的淖尔有 8 个。

重要的以保护湿地生态系统为主的自然保护区 6 个，均为省级自然保护区。

浑善达克沙地位于内蒙古中部锡林郭勒草原南端，是中国十大沙漠沙地之一，面积约 530 万公顷，也是中国著名的有水沙漠，在沙地中分布着众多的小湖、水泡子和沙泉，泉水从沙地中冒出，汇入小河。近年来，由于气候的持续干旱和开垦，草场超载，造成草场退化，河流湖泊萎缩，沙化日益严重。研究表明，浑善达克沙地已成为近年来困扰北京的沙尘的主要源头之一。

表 2—9　　　　　　　　　　锡盟湖泊特征

序号	名称	旗县市区	水面面积（平方千米）	备注
1	乌拉盖淖尔	乌拉盖管理区	215.92（丰水年最大值）	淡水
2	呼尔查干淖尔	阿巴嘎旗	100	—
3	额吉淖尔	东乌珠穆沁旗	20.65	咸水
4	宝沙岱淖尔	正蓝旗	15.65	咸水
5	白音库伦淖尔	锡林浩特市	14.10	咸水
6	浩勒图音淖尔	正蓝旗	10.30	咸水
7	阿日善戈壁淖尔	苏尼特左旗	14.86	碱水
8	达布森淖尔	二连浩特市	9.10	盐水

数据来源：《锡林郭勒盟水资源公报》（2015 年）。

表 2—10　　　　　　　　　锡盟湿地生态系统保护区

序号	名称	旗县市区	湿地面积（公顷）	备注
1	乌拉盖湿地自然保护区	乌拉盖管理区	612650	保护湿地
2	白音库伦遗鸥自然保护区	锡林浩特市	10415	保护草原、湿地生态系统
3	贺斯格淖尔自然保护区	乌拉盖管理区	47200	保护湿地
4	恩格尔河湿地自然保护区	苏尼特左旗	670	保护湿地及珍稀动植物
5	黑风河自然保护区	正蓝旗	53350	保护湿地
6	查干淖尔湿地资源保护区	阿巴嘎旗	72000	保护湿地

数据来源：《锡林郭勒盟城镇体系规划（2014—2030 年）》。

二　锡盟生态需水

锡盟的生态需水分析从河湖湿地补水、城镇绿化、道路清扫洒水等方面进行考虑。

（一）城市河湖补水需水量

全盟各地为提升城镇形象和品位，改善人居环境，因地制宜，合理划定城区范围内的绿化空间，按照"点、线、面、环"结合，"乔、灌、花、草"绿地配置，建设与改造公园、广场、景观带，提高景观与生态效果。锡林浩特市沿原锡林河河道建设了锡林湖滨城市公园。公园处于锡林浩特市新区的中心区域，总占地约130 万平方米，水域面积 60 万平方米，平均水深约 2 米，是集锡林河行洪、城市防洪、旅游景观、改善城市环境、城市文化中心等多种功能于一体的湖滨城市公园。保证公园水域面积需要年度定期补充水量，不考虑防洪，湖泊补充水量需求与湖底湖面蒸发、湖底渗漏相关，根据锡林湖水平平衡：补水量 + 降水量 = 蒸发量 + 渗漏量，即湖泊生态所需补水量为年蒸发量与渗漏量的和减降水量。蒸发量依据多年平均蒸发量与水域面积确定。根据锡林浩特气象站统计资料，区域多年平均降水量 289.2 毫米，多年平均蒸发量 1862.9 毫米（E601 蒸发皿），结合分析认为公园水域面积年度蒸发量 112 万立方米；湖底为透水层，渗漏量与土质、湖水深度有关，据同区域相关研究，渗漏量以湖泊蓄水量的 20% 计，约 24 万立方米（60 万平方米 × 2 米 × 20% = 24 万立方米）；年降雨量 17 万立方米。则湖泊生态所需补水量为 119 万立方米。

（二）沙（湿）地恢复生态需水量

生态用水对湿地来说尤为重要，因为湿地生态环境对人类经济、社会发展起着特别重要的作用，而且中国的湿地生态系统多数具有脆弱性，因此生态保护的首要原则是生态用水必须优先得到保障，只有这样才能保持脆弱的生态平衡，才不至于导致脆弱的生态系统趋向失衡。

锡盟沙（湿）地生态恢复，主要是浑善达克沙地生态恢复补水需求。浑善达克沙地530万公顷的面积，分布着众多的小湖、水泡子和沙泉。该区域年平均降水305毫米，蒸散发高于盟内平均值，达到1925毫米，干燥度高达6.1，需要及时补充水量才能满足植被正常生长发育需要。根据中国科学院植物研究所的相关研究，浑善达克沙地0—100厘米土壤水分含量达到10%—15%时，植被发育良好。对于流动沙丘、半流动沙丘，使土层含水量保持在12%要求太高，也不现实，所以要求沙丘0—100厘米土层水分含量保持在10%以上较为合理。浑善达克沙地由于蒸发量大，需要一次性供足175毫米水分，固定沙丘0—100厘米土层水分含量能在20—30天保持在10%—12%（夏秋季），冬季能保持10—15天，基本能够满足植物生长发育的需要。在浑善达克沙地530万公顷区域内，植被生长季节主要为6月、7月、8月，月均降雨量150毫米。因此，沙丘在植物生长季节常常发生干旱，需要补充水分，月补15—20毫米水分基本能够满足自然植被需水。对于分布面积广泛的沙丘，由于面积巨大，而且地势高低不平，很难实现统一供水，也不可能在所有的沙丘上建设输水管道，可以采取加大对湿地的水分供应量的方法，通过侧渗、旁流和地下水补给而间接对沙丘供水。对于低植被恢复，由于地下水补给充分，需在干旱年份补充水分，湿润年份则不需要供水。对于湿地的生态恢复，由于大部分湖泊水位线年年下降，如不能及时供水，湖泊将有干涸的危险。根据《利用海水淡化恢复浑善达克沙地生态一期工程规划》，沙地区域内有12处淖尔恢复到湿润年水位线，补充需水量为5632万立方米/年。

锡盟境内有乌拉盖、贺斯格淖尔、黑风河、查干淖尔等多个省级湿地自然保护区，面积约79.6万公顷。其中乌拉盖湿地自然保护区、白音库伦遗鸥自然保护区、贺斯格淖尔自然保护区位于浑善达克沙地之外，面积约67.02万公顷。为维持湿地生态功能，水资源保障十分重要，通常需要向湿地补水。这部分湿地保护区具有内蒙古典型湿地特征，多为湿润草甸，即使在沿河岸地势较低的浅积水处，地表也不积水但湿润度高。主要植被为大片的芦苇及狼针草、大针茅、钱叶菊和羊草等优势种的草地。该区域较浑善达克沙地湿润，植被生长季节主要月份为6月、7月、8月，月补水分能够达到5—10毫米，水分基本能够满足湿地自然植被需水。对于保护区内湖泊处补充水分，需水量为 3351 万立方米/年。

为恢复与保护生态，锡盟沙（湿）地生态恢复需水总量约为 8983 万立方米/年。

（三）城镇绿化清洁需水量

目前全盟人均公园绿地面积达到 21.12 平方米，建成区绿化覆盖率 25.46%，建成区绿地率 24.65%，建成区绿化覆盖面积 2502 万平方米，有效改善了城镇人居环境。根据《锡林郭勒盟城镇体系规划（2014—2030)》，规划期末主要城镇的绿化覆盖率达到 38% 以上，绿地率达到 35% 以上，人均公共绿地面积达到国家园林城市标准 12 平方米。目前，锡盟城镇人均公共绿地面积已经达到国家园林城市标准。2020 年、2030 年锡盟建成区绿化覆盖率由当前的 25.46%，分别达到 28%、38%，则 2020 年、2030 年绿化面积将分别达到 2752 万平方米、3734 万平方米。据《内蒙古自治区行业用水定额标准》，城市园林及绿化用水标准约为 5 升/平方米·天，全年绿化用水期约为半年（5—10 月），按 180 天计，单位绿化面积年用水量约为 0.9 立方米，现状用水约 2252 万立方米，2020 年、2030 年城镇绿化需水分别达到 2477 万立方米和 3361 万立方米。

当前全盟道路清扫用水量为 1490 立方米/天，考虑城市建成区面积由当前的 69 平方千米，发展到 2030 年的 200 平方千米 (《锡林郭勒盟城镇体系规划 (2014—
2030)》),未来城市发展道路清扫用水量为 4319 立方
米/天,即 2030 年道路清扫年需水总量为 158 万立方米。

(四) 生态需水量总量

综合考虑锡盟生态在河湖湿地补水、城镇绿化、道
路清扫洒水等方面的用水需求,2020 年生态需水将达到
1.166 亿立方米,2030 年将达到 1.262 亿立方米。

表 2—11　　　　　　　生态现状与需水预测　　　　单位:亿立方米

类别	2015 年	2020 年	2030 年
生态需 (用) 水量	0.59	1.166	1.262
河湖补水	0.3594	0.910	0.910
城镇绿化	0.225	0.248	0.336
道路清扫洒水	0.005	0.008	0.016

数据来源:2015 年数据来自《锡林郭勒盟水资源公报》(2015 年)。

第四节　需水预测汇总

结合锡林郭勒盟地区经济社会发展,全面考虑人
口、产业发展与生态环境维护与改善,分析得到全盟用
水总需求 2020 年将达到 5.89 亿立方米,较现状增长

1.35 亿立方米；2030 年将达到 6.69 亿立方米，较现状增长 2.13 亿立方米。增长的用水需求主要为提升盟内环境质量、保障生态安全及农牧业发展的用水需求（如图 2—6 所示）。

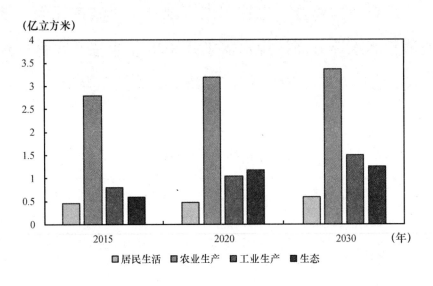

图 2—6　锡盟不同水平年需水量总量

表 2—12		锡盟不同水平年水资源需求预测				单位：亿立方米
类别	2015 年	需求结构占比（%）	2020 年	需求结构占比（%）	2030 年	需求结构占比（%）
需（用）水总量	4.61	100	5.89	100	6.69	100
居民生活	0.45	9.76	0.48	8.12	0.58	8.67
农业生产	2.78	60.30	3.19	54.16	3.35	50.08
工业生产	0.79	17.14	1.05	17.83	1.5	22.42
生态	0.59	12.80	1.17	19.89	1.26	18.83

数据来源：2015 年数据来自《锡林郭勒盟水资源公报》（2015 年）。

第三章　锡林郭勒盟水资源供需分析

第一节　地表水供水能力分析

地表水供水主要通过水库、塘坝窖池等蓄水工程拦蓄地表径流，向工农业生产供水，以及生态环境补水。

一　蓄水工程

锡盟已建成大、中、小型水库 35 座，总库容 5.63 亿立方米。大中型水库总库容 5.01 亿立方米，其中大型水库 2 座，即乌拉盖水库总库容 2.48 亿立方米，径流量 1.36 亿立方米；多伦县西山湾水库总库容 1 亿立方米，径流量 1.96 亿立方米。中型水库 5 座，即锡林河水库总库容 2003 万立方米，径流量 0.2 亿立方米；多伦县大河口水库总库容 2645 万立方米，径流量 0.3 亿立方

表3—1　　　　　　　　　　　　　　　　　　水库工程供水情况

序号	水库名称	旗县市区	坝址以上多年平均年径流量（亿立方米）	总库容（万立方米）	调洪库容（万立方米）	防洪库容（万立方米）	兴利库容（万立方米）	死库容（万立方米）	98%保证率下年供水量（万立方米）
1	西山湾水库	多伦县	1.96	10000	1300	0	3500	6500	5843
2	乌拉盖水库	乌拉盖管理区	1.36	24800	18400	9000	8200	1400	3480
3	锡林河水库	锡林浩特市	0.20	2003	464	243	1160	379	875
4	查干水库	阿巴嘎旗	0.48	5734	4137	4137	3219	1316	550
5	高勒罕水库	西乌珠穆沁旗	0.17	3785	28	28	3468	280	621
6	赛音乌素水库	镶黄旗	—	1126	—	—	—	—	—
7	大河口水库	多伦县	0.3	2645	—	—	—	—	—
8	恩格尔河水库	苏尼特左旗	0.08	998	305	0	148	534	350
	合计			51091	24634	13408	19695	10409	11719

数据来源：来自各水库初步设计报告。

米；西乌珠穆沁旗高勒罕水库总库容 3785 万立方米，
径流量 0.17 亿立方米；阿巴嘎旗查干水库总库容 5734
万立方米；镶黄旗赛音乌素水库总库容 1126 万立方米。
包括恩格尔河水库在内的小型水库 32 座，总库容 4664
万立方米。

二　水库供水

根据水库坝址以上多年平均径流量，结合水库调度
规则，在 98% 保证率的情况下，各水库年供水量总计为
1.17 亿立方米。其中多伦县的西山湾水库的年可供水量
为 5843 万立方米，乌拉盖管理区的乌拉盖水库的年可
供水量为 3480 万立方米，两水库的年供水量占水库总
供水量的 80%。

三　地表水供水能力

由锡盟水库蓄水能力分析，水库年供水能力可达到
1.17 亿立方米，但是受配套输水工程建设限制与水库水
质制约，实际地表水供水量远达不到完全供水能力，现
状地表水供水量仅为 0.51 亿立方米。考虑水库水源用
户——电源基地建设的推进，水库供水能力逐步实现，
2020 年地表供水能力增长 0.2 亿立方米，达到 0.71 亿
立方米，2030 年地表供水能力进一步增长 0.3 亿立方

米，达到 1.01 亿立方米。

项目	地表水供水能力（量）
现状地表水供水量	0.51
2020 年地表水供水能力	0.71
2030 年地表水供水能力	1.01

表 3—2　　　　　锡盟地表水供水能力　　　　单位：亿立方米

数据来源：现状供水量来自《锡林郭勒盟水资源公报》（2015 年）。

第二节　地下水供水能力分析

地下水供水主要通过安装机电井抽取水体，用于生产、生活与生态供水。随着农村人畜安全饮水工程的建设，全盟建设城乡集中式供水工程与农村分散式供水工程来解决生活用水问题。

一　机电井

锡盟机电井主要是浅层地下水机电井，数量合计为 76374 眼，主要分布在太仆寺旗、正蓝旗和多伦县，总可供水量 4.62 亿立方米，其中规模以上机电井数量为 25918 眼，可供水量 3.55 亿立方米。

表 3—3 锡盟机电井汇总

行政区名称	机电井数量（眼）	机井供水量（万立方米）	规模以上机电井数量（眼）	规模以上机井供水量（万立方米）
锡林郭勒盟	76374	46165	25918	35490
阿巴嘎旗	2296	1591	925	1491
苏尼特左旗	1212	1926	1127	1826
苏尼特右旗	1527	3033	1216	2729
东乌珠穆沁旗	4079	10044	1824	5788
西乌珠穆沁旗	2934	3348	1073	2828
太仆寺旗	27664	4575	5644	4349
镶黄旗	1050	1900	287	675
正镶白旗	6262	2256	2469	2156
正蓝旗	8123	3920	3383	3820
多伦县	14945	5830	5644	2486
二连浩特市	257	970	123	870
锡林浩特市	6025	6772	2203	6472

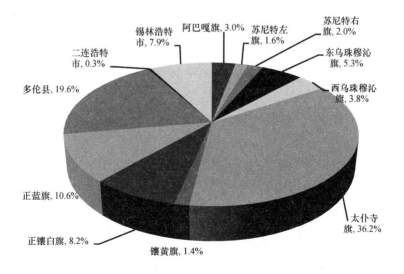

图 3—1 锡盟机电井分布

二 供水工程设施

锡盟城乡集中式供水工程处数总计为890处，包括城镇自来水厂为25处，农村集中式供水工程为865处，其中城镇管网延伸工程为8处，联村供水工程为34处，单村供水工程为823处。农村分散式供水工程处数为70480处。

表3—4　　　　　　　　　锡盟常规水源供水工程汇总

行政区名称	1. 城乡集中式供水工程处数						2. 农村分散式供水工程处数
	合计	城镇自来水厂	农村集中式供水工程				
			城镇管网延伸工程	联村供水工程	单村供水工程	合计	
阿巴嘎旗	3	2	1	—	—	1	193
苏尼特左旗	25	4	1	2	18	21	1435
苏尼特右旗	11	1	—	1	9	10	5411
东乌珠穆沁旗	13	1	—		12	12	3911
西乌珠穆沁旗	44	4			40	40	2529
太仆寺旗	27	2	2	3	20	25	9751
镶黄旗	29	2	—		27	27	8210
正镶白旗	174	1	2	2	169	173	14249
正蓝旗	279	1	—		278	278	2321
多伦县	67	2	1	—	64	65	3837
二连浩特市	89	1		8	80	88	8497
锡林浩特市	129	4	2	18	105	125	10136
总计	890	25	8	34	823	865	70480

三　水质不达标水量

经评价，全盟 2015 年农村生活饮用水总供给 6404 万立方米中，水质不达标水量 2280 万立方米，见表 3—5。锡盟不达标水质以高氟和苦咸水居多，部分铁、锰指标超标。超标饮用在生理和毒理方面有较大害处，长期饮用将严重影响广大农牧民的正常生产和生活。要彻底解决农村的饮水安全问题，亟待质量可靠的水源提供。现状地下水供水能力中至少有 2280 万立方米的供水能力不符合要求，由于该部分不达标地下水主要用于农村生活饮用水，无法置换为工业用水，不应作为未来可靠的供水能力。

表 3—5　　　　　　　　锡盟现状农村饮水水质情况

	农村生活饮用水 （亿立方米）	农村饮水水质 不达标率（%）	农村饮水不达标水量 （亿立方米）
锡盟	0.6406	35.6	0.228
锡林浩特市	0.0608	35.0	0.021
阿巴嘎旗	0.005	47.0	0.002
苏尼特左旗	0.062	47.0	0.029
苏尼特右旗	0.0641	56.5	0.036
东乌珠穆沁旗	0.1103	58.5	0.064
西乌珠穆沁旗	0.1076	42.9	0.046

四 超采区压采水量

见表 3—6，锡盟二连浩特市和太仆寺旗存在地下水超采问题，现状年总超采水量 1527 万立方米；二连浩特市、锡林浩特市、太仆寺旗、镶黄旗和多伦县五个地区水环境容量系数均超过 25% 的适宜开采量，现状超容量开采总量 5818 万立方米。为恢复与维持地表与地下生态，保障北疆生态安全，水资源的合理开发利用规划应退还不合理的开发量。为此，锡盟现状年地下水供水应退还 5818 万立方米供水能力。

表 3—6 　　　　　锡盟地下水超采与超容量开采量　　　　单位：万立方米

行政区名称	地下水可开采量	地下水适宜开采量	地下水超采量	地下水超容量开采量
锡盟	163450	83092	1527	5818
二连浩特	71	25	626	672
锡林浩特市	14602	5984	0	146
阿巴嘎旗	19519	10879	0	0
苏尼特左旗	9712	5955	0	0
苏尼特右旗	7476	4131	0	0
东乌珠穆沁旗	56413	25293	0	0
西乌珠穆沁旗	24133	12299	0	0
太仆寺旗	4416	1951	901	3366

行政区名称	地下水可开采量	地下水适宜开采量	地下水超采量	地下水超容量开采量
镶黄旗	2364	1274	0	531
正镶白旗	6511	3852	0	0
正蓝旗	13688	8348	0	0
多伦县	4545	3101	0	1103

五 地下水可供水能力

综合分析锡盟地下水可供水能力，现状年已使用地下水机井开采供水能力 46166 万立方米，考虑现状年供水能力中有 2280 万立方米的水质不达标供水和应退还的超采退还供水 5818 万立方米，全盟考虑符合安全供水，恢复生态水后的实际地下水可供水能力为 38068 万立方米。并且之后地下水开采不在万不得已的情况下不再增加。

表 3—7   锡盟地下水供水能力   单位：万立方米

项目	地下水可开采量
现状地下水供水能力	46166
水质不达标退还供水	2280
超采退还供水	5818
实际地下水可供水能力	38068

第三节　其他水资源供水能力分析

锡盟地区的其他水资源利用主要分为再生水和疏干水利用两大类。

一　再生水利用

锡盟 13 个旗县市（区）已建成 14 座城镇污水处理厂，日处理能力已达到 17.95 万立方米，其中锡林浩特市 2 座污水处理厂，其余 12 个旗县市（区）都建有 1 座城镇污水处理厂，锡林浩特市新区污水处理厂和乌拉盖巴彦胡硕镇污水处理厂已建成，未投入使用。2016 年底，全盟污水管网已达到 914.97 千米，雨水管网 447 千米。目前已投入运行的污水处理厂 12 座，日处理能力 14.45 万立方米。其中再生水主要是用于工业、市政和景观用水等方面，目前再生水管道长度为 67.9 千米，生产能力为 4.2 万立方米/日，年生产能力达到 1533 万立方米。锡盟污水处理厂污水处理能力及再生水生产能力情况见表 3—8。

现状再生水供水量仅为 300 万立方米，考虑再生水利用的设施建设过程与再生水利用范围的逐步扩大，于缺水地区积极推进使用再生水，预计 2020 年再生水供

水能力达到 700 万立方米，2030 年达到供水能力 1533
万立方米。

表 3—8　　　　　　　　锡盟再生水供水能力　　　　单位：万立方米

项目	地表水供水能力（量）
现状再生水供水量	300
2020 年再生水供水能力	700
2030 年再生水供水能力	1533

数据来源：现状年资料来源于《锡林郭勒盟水资源公报》（2015 年）。

二　疏干水利用

锡盟地区煤炭资源丰富，建设有胜利、乌拉盖、白
音华等煤田。煤田在开发利用的过程中，存在大量的矿
坑疏干水，除了煤田生产自用外，尚有大量矿坑疏干水
需要外排。另外，锡盟以煤为原料的工业园区中有褐煤
干燥提质项目，在褐煤干燥提质生产过程中，其主要的
目的就是降低褐煤的含水量，排出大量的工业疏干水。
无论是矿坑疏干水还是工业疏干水，科学收集后经过处
理，能够满足部分工业用水水质要求。这部分也是缺水
的锡盟潜在的水源。

虽然目前疏干水已经全部利用，但受资料所限，疏
干水水源可利用量情况不明，且由于水质问题用户受

限，故暂且未考虑这部分水的供水能力。

第四节　总供水能力分析

考虑锡盟地表蓄水供水工程、地下机井取水工程以及再生水利用工程，可以看出，全盟现状供水量 5.16 亿立方米，考虑未来地表水库供水能力与再生水等非常规水源供水能力的开发，以及对当前地下水供水能力中不合格水质井供水能力和超采超容量地下水开采的返还，2020 年全盟各水源供水能力为 4.59 亿立方米，2030 年供水能力为 4.97 亿立方米。

在对当地水源保护与挖潜条件下，锡盟未来近 5 亿立方米的供水能力中，依然以地下水为主，2030 年地下水供水能力占 76.6%，较现状年下降 13 个百分点，地表水供水能力由现状年的 9.9% 提高到 2030 年的 20.3%，其他水源供水比例也有较大幅度的增长。综合考虑，锡盟在充分利用本地地表水源、合理开发地下水源、鼓励使用再生水等其他水源的思路下，对本地水进行科学合理利用，供水能力见表 3—9。本地水资源的开发不会超过最严格水资源的总量控制目标，仍然具有进一步利用水源的总量空间。

表 3—9　　　　　　　　　锡盟各水源供水能力情况

年份	地表水供水量 （万立方米）	地下水供水量 （万立方米）	其他水供水量 （万立方米）	供水合计 （万立方米）
现状	5100	46156	300	51556
2020	7100	38068	700	45868
2030	10100	38068	1533	49701

数据来源：现状年资料来源于《锡林郭勒盟水资源公报》（2015 年）。

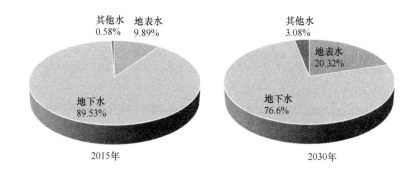

图 3—2　锡盟供水结构变化

第五节　水资源供需平衡分析

根据《关于实行最严格水资源管理制度的实施意见》（锡署发〔2014〕130 号）主要目标：确立最严格水资源管理"三条红线"。一是确立水资源开发利用控制红线，2015 年、2020 年、2030 年，全盟用水总量分别控制在 6.95 亿立方米、8.08 亿立方米和 8.37 亿立方米以内。二是确立用水效率控制红线，2015 年，万元工业增加值用水量较 2010 年下降 22%，农田灌溉水有效利用系数提高到 0.70 以上。三是确立水功能区限制纳污红线，2015 年、2020 年和 2030 年，河流湖泊水功能区水质达标率分别达到 88%、79% 和 93% 以上。

如前所述，考虑锡盟地表蓄水供水工程、地下机井取水工程，以及再生水利用工程，可以看出，全盟现状供水量 5.16 亿立方米，考虑未来地表水库供水能力与再生水等非常规水源供水能力的开发，以及对当前地下水供水能力中不合格水质井供水能力和超采超容量地下水开采的返还，2020 年全盟各水源供水能力为 4.59 亿立方米，2030 年供水能力为 4.97 亿立方米。

全盟用水总需求 2020 年将达到 5.89 亿立方米，2030 年将达到 6.69 亿立方米，与供水能力相比，本地各类供水能力总和难以全面保障，经济社会发展用水需求的缺口分别为 1.3 亿立方米与 1.72 亿立方米。很显然，这样的缺口通过本地的挖潜是难以弥补的，需要考虑进一步的开源方式。

需要提及的是，前述分析的需水均为净需水量，考虑各级输水损失，锡盟经济社会毛需水量的缺口将进一步增大，预计毛需水缺口将达到 2.0 亿—2.5 亿立方米。

表 3—10　　　　　　　锡盟社会发展用水需求预测　　　单位：亿立方米

年份	需水量（净）					供水总量	缺水量（净）
	总量	居民生活	农业生产	工业生产	生态		
2020	5.89	0.48	3.19	1.05	1.17	4.59	1.3
2030	6.69	0.58	3.35	1.5	1.26	4.97	1.72

第四章 工程调水方案分析

第一节 调水方案分析

一 "引嫩济锡"工程

（一）工程概况

2015 年锡林郭勒盟发展和改革委员会委托内蒙古自治区水利水电勘测设计院编制"引嫩济锡"工程调水方案。工程设计自嫩江干流调水至锡盟锡林浩特市、二连浩特市、阿巴嘎旗、苏尼特左旗、苏尼特右旗、镶黄旗及正镶白旗等"两市五旗"。主要解决受水区人畜饮水问题。近期（2020 年）调水规模为 1 亿立方米，其中锡林浩特市 0.3 亿立方米，二连浩特市 0.2 亿立方米，阿巴嘎旗、苏尼特左旗、苏尼特右旗、镶黄旗及正镶白旗各 0.1 亿立方米；远期（2030 年）调水规模为 3.0 亿立方米。

1. 调出区

调出区为嫩江流域。嫩江为松花江北源，发源于大兴安岭伊勒呼里山南坡，由北向南流，在黑龙江省肇源县三岔河附近与第二松花江汇合后，流入松花江干流，河道全长 1370 千米，流域面积 29.85 万平方千米，约占松花江全流域面积的 52%。内蒙古自治区、黑龙江省和吉林省，三省区分别占全流域面积的 53.13%、34.51% 和 12.36%，其中内蒙古自治区涉及呼伦贝尔市、兴安盟和通辽市。

嫩江干流修建有尼尔基水利枢纽，水库坝址距上游阿彦浅水文站 32 千米，坝址以上集水面积 66382 平方千米。尼尔基水库是一座具有多年调节性能的大型综合利用水利枢纽工程。工程建设任务以防洪、城镇生活和工农业供水为主，结合发电，兼有改善下游航运及水生态环境的功效，并为松辽流域水资源的优化配置创造条件。水库于 2001 年开工建设，2005 年 9 月下闸蓄水。嫩江流域水资源总量为 367.7 亿立方米，其中地表水资源量为 293.8 亿立方米，地下水资源量（扣除与地表水的重复量）为 73.89 亿立方米。人均占有水资源量为 2248 立方米，单位面积产水量为 12.32 万立方米/平方千米。

2. 调入区

调入区地处锡林郭勒盟西部，包括锡林浩特市、二连浩特市、阿巴嘎旗、苏尼特左旗、苏尼特右旗、镶黄旗和正镶白旗，行政区划面积为 11.43 万平方千米。调入区东部为锡林郭勒盟乌珠穆沁草原、电源基地及赤峰市，西与乌兰察布市毗邻，南邻滦河山区，北部与蒙古国接壤。其中锡林浩特市是锡林郭勒盟行署所在地，是锡林郭勒盟政治、经济和文化中心；二连浩特市是中国对蒙开放的最大陆路口岸，是国家和自治区向北开放的前沿和窗口，同时地处"一带一路"规划建设四大经济带之一的中俄蒙经济带，2014 年 6 月，国务院正式批准设立二连浩特重点开发开放试验区。

调入区地处蒙古高原内陆，气候干旱，降水稀少，河流水系极不发达，水资源极其匮乏。根据内蒙古自治区第二次水资源调查评价成果，调入区水资源总量为 12.23 亿立方米（矿化度 ≤ 2 克/升），其中地表水资源量为 0.24 亿立方米，地下水资源量为 12.13 亿立方米（矿化度 ≤ 2 克/升），重复计算量为 0.14 亿立方米；产水模数为 1.04 万立方米/平方千米，低于锡林郭勒盟产水模数（1.60 万立方米/平方千米），远低于全国（29.6 万立方米/平方千米）和内蒙古自治区（5.28 万立方米/平方千米）的平均产水模数。

（二）取水口

拟定取水工程位于内蒙古自治区兴安盟扎赉特旗旗政府所在地音德尔镇与黑龙江省泰来县交界的嫩江干流右岸，其距音德尔镇 46 千米，距泰来县 48 千米，距其下游的江桥水文站 15 千米。

根据《嫩江流域水量分配方案》中嫩江干流各断面下泄水量控制方案确定的江桥断面多年平均下泄水量为 159.72 亿立方米。近期和远期调水量分别占多年平均下泄水量的 0.6% 和 1.9%。

（三）调水线路

调水工程分两段：

1. 第一段（嫩—乌段）：从嫩江岸边取水，全线加压输水线路总长度为 345 千米，净扬程为 780 米，总扬程为 960 米。近期设置取水泵站 1 座，加压泵站 3 座，每座泵站设 4 台机组，其中 3 台机组工作 1 台机组备用，泵站供电电源拟取自邻近变电站。

2. 第二段（乌—二段）：根据供水对象为"两市五旗"，本段分 7 部分：

第一部分：从乌拉盖水库取水，通过 388 千米（桩号：0+000—388+130）的加压输水管线到达锡林浩特市，净扬程为 246 米，总扬程为 320 米，采用 2 级加压泵站，每座泵站设 6 台机组，其中 4 台机组工作 2 台机组备用，在锡林浩特市设调蓄水池、净水厂及支线泵站各1座。锡林浩特市分水量为3000万立方米/年。

第二部分：在锡林浩特市的主管线上设置加压泵站，通过93千米（桩号：388＋130—480＋895）的加压输水管线到达阿巴嘎旗，净扬程为226米，总扬程为258米，采用1级加压泵站，每座泵站设6台机组，其中4台机组工作2台机组备用，在阿巴嘎旗设调蓄水池、净水厂及支线泵站各1座。阿巴嘎旗分水量为1000万立方米/年。

第三部分：在阿巴嘎旗的主管线上设置加压泵站，通过103千米（桩号：480＋895—583＋990）的加压输水管线到达苏尼特左旗，净扬程为67米，总扬程为117米，采用1级加压泵站，每座泵站设6台机组，其中4台机组工作2台机组备用，在苏尼特左旗设调蓄水池、净水厂及支线泵站各1座。苏尼特左旗分水量为1000万立方米/年。

第四部分：在苏尼特左旗的主管线上设置一条支管线，主管线至二连浩特市，支管线沿苏尼特右旗方向。

在苏尼特左旗，通过145千米（桩号：583＋990—729＋424）的输水管线到达二连浩特市，其中桩号583＋990—629＋000段为加压段，净扬程为38米，总扬程为50米，采用1级加压泵站，每座泵站设3台机组，其中 2 台机组工作 1 台机组备用；桩号 629+000—729+424 段为自流段至二连浩特市。在二连浩特市设调蓄水池、净水厂及支线泵站各 1 座。二连浩特市分水量为 2000 万立方米/年。

第五部分：在苏尼特左旗，通过 165 千米（桩号：583+990—749+295）的输水管线到达苏尼特右旗，净扬程为 71 米，总扬程为 132 米，采用 1 级加压泵站，每座泵站设 3 台机组，其中 2 台机组工作 1 台机组备用，在苏尼特右旗设调蓄水池、净水厂及支线泵站各 1 座。苏尼特右旗分水量为 1000 万立方米/年。

第六部分：在苏尼特右旗的输水管线上设置加压泵站，通过 121 千米（桩号：749+295—870+000）的加压输水管线到达镶黄旗，净扬程为 280 米，总扬程为 328 米，采用 2 级加压泵站，每座泵站设 3 台机组，其中 2 台机组工作 1 台机组备用，在镶黄旗设调蓄水池、净水厂及支线泵站各 1 座。镶黄旗分水量为 1000 万立方米/年。

第七部分：在镶黄旗的高位水池上，通过 94 千米（桩号：870+000—963+830）的输水管线自流到达正镶白旗，在正镶白旗设调蓄水池、净水厂及支线泵站各 1 座。正镶白旗分水量为 1000 万立方米/年。

（四）工程投资

按水利部水总（2014）429 号文发布的《水利工程

设计概（估）算编制规定》，采用引水工程工资标准及工程单价费率标准。

按 2015 年第一季度价格水平计算，近期工程静态总投资为 1813725 万元，其中工程部分 1771182 万元，环境移民部分 42543 万元。远期工程静态总投资约为 406.19 亿元。近期工程分市、旗及分项投资见表 4—1。

表 4—1　　　　　　　　　引嫩济锡调水工程近期总估算　　　　　单位：万元

编号	项目名称	锡林浩特市	阿巴嘎旗	苏尼特左旗	二连浩特市	苏尼特右旗	镶黄旗	正镶白旗	合计
I	工程部分投资	1150755	110554	114226	122091	112152	84453	76951	1771182
	第一部分建筑工程	269987	23888	24373	35670	26219	23869	22177	426183
	管线工程	112888	4410	5295	5887	6941	4591	3699	143711
	建筑物工程	132250	11195	10795	13218	10995	10995	10195	199643
	交通工程	8216	2739	2739	5477	2739	2739	2739	27388
	房屋建筑工程	3413	1138	1138	2275	1138	1138	1138	11378
	其他	13220	4407	4407	8814	4407	4407	4407	44068

续表

编号	项目名称	锡林浩特市	阿巴嘎旗	苏尼特左旗	二连浩特市	苏尼特右旗	镶黄旗	正镶白旗	合计
	第二部分机电设备及安装工程	39195	6154	2405	1869	934	2172	393	53122
	主要设备	38016	5761	2012	1083	541	1779		49192
	公用设备	1179	393	393	786	393	393	393	3930
	第三部分金结设备及安装工程	652153	52985	59442	42413	57263	34289	31237	929781
	主要设备	632213	46338	52795	29120	50616	27642	24590	863315
	其他设备	19940	6647	6647	13293	6647	6647	6647	66466
	第四部分临时工程	9287	3096	3096	6192	3096	3096	3096	30959
	第五部分独立费用	30034	10011	10011	20023	10011	10011	10011	100112
	一至五部分投资合计	1000656	96134	99327	106166	97524	73438	66914	1540158
	基本预备费	150098	14420	14899	15925	14629	11016	10037	231024
	静态总投资	1150755	110554	114226	122091	112152	84453	76951	1771182

续表

编号	项目名称	锡林浩特市	阿巴嘎旗	苏尼特左旗	二连浩特市	苏尼特右旗	镶黄旗	正镶白旗	合计
II	环境移民部分	12763	4254	4254	8509	4254	4254	4254	42543
	征地补偿费	9185	3062	3062	6124	3062	3062	3062	30618
	水土保持工程投资	2152	717	717	1435	717	717	717	7173
	环境保护工程投资	1426	475	475	951	475	475	475	4753
III	工程投资总计	1163517	114808	118480	130600	116406	88708	81205	1813725

数据来源:《引嫩济锡工程调水方案》。

该方案于 2015 年设计,当年价该项工程静态总投资为 181.37 亿元,按远期调水量 3 亿立方米估算,单方水投资约 60.46 元。

二　"引嫩济锡(霍)"工程

(一) 工程概况

2015 年内蒙古自治区水利厅委托中水东北勘测设计研究有限责任公司编制"引嫩济锡(霍)"工程调水规划。工程调出区为嫩江干流,取水位置位于嫩江干流绰尔河河口处，调入区为锡林郭勒盟及霍林郭勒市，用水对象包括锡林浩特市、二连浩特市、阿巴嘎旗、苏尼特左旗、东乌珠穆沁旗、西乌珠穆沁旗、乌拉盖管理区以及通辽市所属的霍林郭勒市的生产生活用水。

通过水资源供需分析，调入区 2020 年缺水量 2.2754 亿立方米；2030 年 3.885 亿立方米，规划未明确具体调水规模。

（二）取水口

取水位置位于嫩江干流绰尔河河口处。

（三）调水线路

从嫩江绰尔河口，调水至绰勒水库和文得根水库，以补偿文得根水库的下游灌溉水量和部分外调水量，在文得根水库上游修建广门山水库，再从广门山水库调水进入乌拉盖水库，再由乌拉盖水库分水至需水区域。其中广门山水库为新建水库，主要作用是作为调蓄水库。

表 4—2　　　　　　　　　　　　输水线路基本情况

输水线路名称	线路直线长度（千米）	高程（米）	静扬程（米）
嫩江口—文得根	131	130—354	224
广门山水库—乌拉盖水库	210	456—911	455
乌拉盖水库—高勒罕水库—锡林浩特市—二连浩特市	680	907—991—980—967	84

续表

输水线路名称	线路直线长度（千米）	高程（米）	静扬程（米）
乌拉盖水库—霍林河市	50	907—860	
合计	1071		763

（四）工程投资

该方案于 2015 年设计，未见工程投资预算。

三　"引渤济锡"工程

（一）工程概况

2005 年 11 月锡林郭勒盟行署和山西连顺能源有限公司委托中国水利水电科学研究院编制《引渤济锡海水输送工程方案规划报告》。引渤济锡海水输送工程是从渤海引海水，通过辽宁省的锦州市、朝阳市和内蒙古自治区的赤峰市，到达内蒙古自治区锡林郭勒盟锡林浩特市。主要任务是改善锡林郭勒盟的生态环境和解决褐煤开发战略用水，利用海水解决褐煤炼化降温，然后利用褐煤开发产生的废热淡化海水，以解决城市生活、工业用水及其他用水问题。主要供水目标是锡林郭勒盟地区。工程建成后可显著改善当地生态环境，促进国民经济和社会的持续稳定发展。

引渤济锡海水输送工程主要由水源工程和输水工程

组成。

水源工程沿渤海海岸线，长达 2500 千米，面积 7.7×104 平方千米，平均深度约 20 米，最大深度 78 米，水源充足。渤海潮汐为半日潮，锦州湾所在地属温带季风性气候，全年平均气温 9.4 摄氏度，平均降水 534 毫米。最高潮位为 4.22 米，最高潮差 4.06 米，平均潮差 2.05 米，最低潮高为 -1.12 米，全年无台风袭扰。水源处海滩比较平缓，取水工程由明渠引水道、前池、取水泵站等组成。

输水工程规模为 3.2 亿立方米/年，设计年输水天数为 320 天，设计流量为 11.6 立方米/秒，加大流量为 13.3 立方米/秒，输水线路长 666 千米。工程将水直接输送到锡林浩特，中途不分水，综合考虑投资效益和输水的安全可靠性，推荐采用一条 3.2 米内径的夹砂玻璃钢管结合隧洞的管涵输水方式，沿线修建 9 座加压泵站，设计总扬程 1170 米海水水头，最大总扬程 1183.1 米海水水头。为保证输水安全、可靠性，将修建一座库容 1000 万立方米左右的在线调节水库。

（二）取水口

取水源地位于锦州湾东北岬角东北侧。

（三）调水线路

海水输送线路可划分为四段：锦州市地段、朝阳市地段、赤峰市地段、锡林郭勒盟地段。

锦州市地段：从孙家湾东南 500 米处的青沟湾海边沙滩开始，向西北方向先后跨过省道、县乡道后沿河流延伸，顺势向北穿越三次铁路后沿公路延伸，过朝阳至锦州的高速公路后沿公路东侧北上。到大马口子村东侧跨过公路，从距小凌河西侧大约 1200 米北上，顺势跨越小凌河向西北方向跨过两次公路到翠岩镇，沿 S306 省道西南侧延伸，从郭大屯村东侧的县乡道穿过后沿二道河向西南方向延伸，顺势跨过二道河沿河流西侧北上，到大二道河子村西侧沿 S306 省道南侧向西北方延伸。

朝阳市地段：跨过 S306 省道，沿省道北侧穿过公路后向西北方向延伸，经洞子沟外村后穿越河流，沿河流西南侧经良图沟村后跨过公路，沿公路西南侧约 500 米往西北方延伸，顺势跨过公路、S307 省道到七道岭乡。继续向西北方向，从南塔子沟村西南侧经过，跨过公路到牤牛沟里村后南行。跨过 S306 省道、时令河，沿时令河西南侧延伸，过平房店村后沿时令河延伸，经东四家村后跨越大凌河，离 S206 省道东侧约 600 米向西北方向行，顺势穿过 S206 省道、铁路、G101 国道后转向北上，穿过 S306 省道、铁路后转向西北方向，经铁匠炉村后基本沿 S306 省道向西北方向行，到双庙村后转向西行，翻越距 S306 省道北侧约 650 米的山顶，顺势穿过 S306 省道，沿 S306 省道西南侧过大凌河、S315 省道，到大营子村后沿公路东侧北上。从曹家烧锅村北侧过县乡道，沿公路西侧北上，到阊杖子村后转向西北方向，顺山沟翻越鞍部，沿县乡道从罗福沟村东侧过，顺山谷向西北方穿越蚌河后北上，从二十家子镇南侧穿过县乡道后北上。

赤峰市地段：穿过于家营子村后沿公路经四德堂村、四德堂镇，从黑土营子村东北侧穿越蚌河，沿山角北上穿过铁路，离蚌河西侧约 500 米北上穿越老哈河，继续北上穿过公路从距 G305 国道西侧约 850 米向上，穿过 G111 国道、羊肠子河，沿羊肠子河北侧过小河，从山咀村南侧北上穿过公路，翻越山顶从朝阳沟村东侧穿过公路，沿公路向西北方向到桃池营子村，往北穿越河流经北山村转西北方向，穿过公路，穿越少郎河，从东甸子村东侧穿过公路，沿 S205 省道北上过仗房河翻越山脊西行，经官坟大川村穿越河流北上，沿西拉木伦河南侧穿过 S205 省道，顺势穿越西拉木伦河，沿西拉木伦河北侧西行，穿过 G306 国道后基本沿 G306 国道西行，到河南店乡穿过 G306 国道，穿越碧柳沟河沿河流南侧西行，沿铁路西行到三义乡后，沿 G303 国道南侧延伸，过公路后从距 G303 国道西南侧约 1000 米向西北方向行，穿越小河、公格尔音郭勒河，过公路、河流后，从离河流约 1200 米向西北行，顺势从四道墙村过河流、公路，顺山谷向西北行。

锡林郭勒盟地段：沿河流南侧向西北方向行，从锡尔塔拉村西侧北上过 G207 国道，沿河流穿过 S101 省道，从距 S101 省道约 1200 米 向西北方向行，顺势穿越 S101 省道，沿省道向西北方向延伸经十五公里道班，至锡林郭勒河的河曲处转向东北方向，从恩里木斯墩塔拉东侧直至终点厂区。

（四）工程投资

该方案设计按当年价格计算总投资（包括投资偿还年限 20 年的抽水电费）270 亿元，单方水投资约 84.38 元。按照固定投资价格指数折算到 2015 年价格水平，工程总投资为 341.82 亿元，单方水投资约 73.35 元。

四 "引绰济辽"工程

（一）工程概况

2015 年内蒙古水利厅委托中水东北勘测设计研究有限责任公司和内蒙古自治区水利水电勘测设计院开展"引绰济辽"可行性研究。工程设计通过在嫩江支流绰尔河的中游新建文得根水库，通过输水线路将水引到通辽市和兴安盟，并向沿线城市和工业园区供水。

1. 调出区

引绰济辽工程调出区为绰尔河流域，绰尔河流域水资源相对较丰富，多年平均径流量为 20.89 亿立方米（1956—2010 年系列统计），现状开发利用率较低，2012 年地表水用水量为 2.65 亿立方米，且皆为农业灌溉用水，用水量占绰尔河流域地表资源量的 12.7%，水资源的开发利用潜力很大。行政区划有内蒙古自治区呼伦贝尔市的牙克石市、扎兰屯市，兴安盟的阿尔山市、科右前旗、扎赉特旗，黑龙江省齐齐哈尔市的龙江县、泰来县等。

2. 调入区

调入区为西辽河干流地区、霍林河、洮儿河，涉及通辽市的科尔沁区、开鲁县、扎鲁特旗、科左中旗、科左后旗，兴安盟的乌兰浩特市、科右前旗、科右中旗、突泉县等。

（二）取水口

取水口选择在位于文得根水库坝址上游约 3.2 千米、敖荣村西约 800 米处的右岸山头。文得根坝址以上集水面积 12426 平方千米，坝址处多年平均径流量 18.1 亿立方米，多年平均流量 57.7 立方米/秒。

2016 年 6 月，环保部曾拒绝批准该工程的环境影响评价，认为"引绰济辽"工程有三大问题。

1. "引绰济辽"工程设计多年平均引水5.65亿立方米，占绰尔河多年平均径流量的28.14%。工程实施后，会使水源下游河段生态系统发生明显退化，流域水资源利用率将从18%提高至50%，坝下16平方千米沼泽湿地可能产生退化演替，93平方千米羊草低湿地草甸密度、盖度将下降，鱼类资源量明显减少，下游河口流量最大减幅90%。环保部称应当压缩工程调水规模。

2. 水库淹没面积为112平方千米，包括1.8万株国家Ⅱ级重点保护、地方特色植物。应当减少水库淹没影响。

3. 受水区水资源过度开发，流域内河道断流和水环境问题已经十分突出。工程实施后，新增排水将进一步加大区域水污染防治压力。应当对水污染治理方案的合理性进行充分论证。

依据环保部意见，"引绰济辽"最新修改后的环评书表明，受水区已调整供水结构，降低了工业增长率，并对各园区产业发展方案进行调整，对通辽市及兴安盟涉及的5个园区均不规划新建煤化工项目，只保留现有已批复煤化工项目。

新环评书介绍，调整后"引绰济辽"工程调水量为4.54亿立方米，比原设计引水量减少了1.11亿立方米，约占调水量的 20%，因此能够减少工程对绰尔河生态环境的影响。新环评书还称，文得根水库淹没区重要植物移栽方案、绰勒水库补建鱼道方案、受水区地下水压采方案、受水区治污方案等都得到相关部门的批复。

（三）调水线路

输水线路穿越洮儿河、霍林河、乌力吉木仁河、新开河等河流，途经乌兰浩特市、科尔沁右翼中旗、扎鲁特旗等地区。

规划拟在绰尔河干流修建文得根水利枢纽，并以其为调水水源，经过 402.20 千米输水渠道，向沿途兴安盟的乌兰浩特市、科右前旗、科右中旗、突泉县和通辽市的科尔沁区、开鲁县、扎鲁特旗、科左中旗、科左后旗调水，解决这些地区水资源短缺的问题，促进该地区经济社会持续稳定发展，同时改善通辽地区地下水超采的现状。

（四）工程投资

该方案于 2015 年设计，按当年价格计算该项工程静态总投资 237.48 亿元，调水量 4.54 亿立方米，单方水投资约 42.87 元。

第二节　调水方案对比分析

调水工程是一项复杂的系统工程，衡量调水工程是否可行的主要标准有以下六点：一、是否有调水的必要性；二、是否有丰沛的水源；三、是否有理想的调水线路；四、技术、经济是否可行；五、是否具有显著的经济、社会和生态效益；六、是否具有制约性的地质、生态、环境和社会问题。对内蒙古自治区现有的和规划中的几种调水方案，本节分别从调水工程调出区水源地是否满足可调水量，调水线路是否合理，调水工程投资是否经济，调水工程生态环境影响是否可接受等几个方面进行论述和分析。

一　调水水源分析

在调水工程中调出区水源地的选择尤为重要，其直接决定调水工程的规模，是调水工程是否成功实施的关键因素。在现阶段内蒙古自治区现有的和规划中的调水工程中，水源地的选择分别存在国际界河、海水淡化利用和跨省市水量分配等问题。

（一）海水淡化利用

"引渤济锡"工程的规划调水水源为辽宁省锦州渤海湾的海水，渤海是中国的内海，其海岸线长达 2500 千米，面积为 7.7×10^4 平方千米，平均深度约 20 米，最大深度 78 米，水源充足。

但是与输送淡水相比，输送海水存在下述需要解决的问题：①防止海水的腐蚀。海水与河水、湖水不同，海水含盐量高且成分复杂，仅海水的电导率就比一般淡水高两个数量级，这就决定了海水腐蚀时电阻性阻滞比淡水小得多，海水较淡水有更强的腐蚀性；且海水所含盐分中氯化物比例很大，海水的氯度高达19%，因此大多数金属如铁、钢、铸铁等在海水中不能建立纯态。另外，海水中所含有的各种盐类，可以电离为各种离子，许多种类的离子可能成为混凝土腐蚀剂，其中以硫酸根离子 SO_4^{2-}、镁离子 Mg^{2+} 和氯离子 Cl^- 等的破坏性为最大。②海生物附着所引起的污损问题。海洋污损生物或称海洋附着生物，是生长在船底和海上设施表面的动物、植物和微生物。由于它们附着而对设施所造成的种种危害，统称为海生物污损。人类自开发利用海洋资源以来，一直被海生物附着所引起的污损问题所困扰。海生物在海水管道和冷却系统中的附着和生长，会缩小管道的有效直径，减小输送海水的流量。此外，管道内的附着生物一旦脱落，还会堵塞阀门，严重时管道被完全堵死，造成停机和停产，造成巨大的经济损失。③输送过程中防泄漏和渗漏问题。海水从调蓄水库，或者输水管道和设施中的泄漏和渗漏，将导致周围土地的盐碱化。

（二）跨省市水量分配

"引嫩济锡"和"引嫩济锡（霍）"两个调水工

程的取水口都是位于嫩江干流，嫩江为松花江北源，发源于大兴安岭伊勒呼里山，河流自北向南流经内蒙古自治区、黑龙江省、吉林省三个省区，右岸纳入多布库尔河、甘河、诺敏河、阿伦河、音河、雅鲁河、绰尔河、洮儿河以及霍林河等支流；左岸有门鲁河、科洛河、讷谟尔河、乌裕尔河、双阳河等支流汇入。嫩江干流在莫力达瓦旗境内，流经山区丘陵地带，河谷狭窄，坡度较大。中游段流入平原地带，河流蜿蜒曲折，河道平缓、河滩宽阔，最宽达 10 千米以上，滩内分布有沙洲、汊河，河道多呈网状。嫩江河道全长 1370 千米，流域面积 29.85 万平方千米，多年平均地表水资源量为 293.86 亿立方米，于吉林省扶余县三岔河附近与第二松花江汇合后，称松花江干流。

"引嫩济锡"工程调水量近期（2020 年）调水规模为 1 亿立方米，远期（2030 年）调水规模为 3.0 亿立方米。根据《嫩江流域水量分配方案》中嫩江干流各断面下泄水量控制方案（具体参考表 4—3），江桥断面多年平均下泄水量为 159.72 亿立方米。近期和远期调水量分别占水源地多年平均下泄水量的 0.6% 和 1.9% 。

"引嫩济锡（霍）"工程通过调入区水资源供需分析确定 2020 年缺水量 2.2754 亿立方米，2030 年 3.885 亿立方米。其近期和远期缺水量分别占水源地多年平均下泄水量的 1.4% 和 2.4%。

表 4—3　　　　2020 水平年嫩江流域控制断面下泄水量控制指标

单位：亿立方米

控制断面	频率（%）	地表水资源量	控制断面以上调入水量	控制断面以上地表水允许耗损量	调出流域水量	断面以上汇流损失	控制下泄量
尼尔基	50	121.49		4.09			99.40
	75	91.77		4.36		8.54	98.90
	90	57.15		2.76		4.26	81.26
	多年平均	115.17		3.43		4.86	106.88
江桥	50	245.29		58.43	4.00	15.65	137.97
	75	176.38		58.77	4.00	31.87	97.09
	90	118.25		39.40	4.00	11.16	68.91
	多年平均	247.23		61.53	4.00	21.98	159.72
白沙滩	50	254.30		59.96	4.84	19.93	132.28
	75	183.26		64.84	4.84	35.46	92.38
	90	120.45		42.62	4.84	15.77	62.75
	多年平均	248.22		62.37	4.84	28.48	152.53
流域出口	50	273.19	13.14	97.63	4.84	45.82	103.31
	75	196.06	11.09	113.75	4.84	46.00	75.16
	90	131.97	6.30	87.73	4.84	25.98	42.74
	多年平均	293.86	11.77	102.84	4.84	54.22	143.73

表 4—4   各调水规划调水水源及调水量情况汇总

序号	工程	调水水源	多年平均径流量（亿立方米）	调水量（亿立方米）
1	"引嫩济锡"	嫩江干流	159.72	近期调水 1 亿立方米，远期调水 3 亿立方米
2	"引嫩济锡（霍）"	嫩江干流	159.72	2020 年缺水量 2.2754 亿立方米；2030 年 3.885 亿立方米
3	"引渤济锡"	渤海	—	3.2
4	"引绰济辽"	嫩江支流绰尔河	18.1	4.54

二　调水线路分析

调水工程调水线路中最短的距离为直线距离，其中水源水位与受水点的高程及中间海拔高程起伏决定调水工程是否需要提水装置。选线不仅要考虑输水距离长短，而且要考虑对输水扬程和运行电费的影响，同时还要兼顾施工的方便，以及减少占用耕地，减少搬迁等。调水工程选择线路一般应遵循下列原则：①线路尽量短而直，沿线地形起伏小，尽量避开城市、居民区，少占耕地农田，力求经济节省；②方便施工和管理维护，管线尽可能地沿着现有公路布置，如沿国道线；③管线避开重要建筑物，尽可能避开工程地质不良地段，输水管线经过粘性土、砂土及黄土类土地基较好；④管线布置要充分利用地形的自然高差，当地形条件许可时优先考虑自流输水；⑤管线尽可能地靠近供水城市，便于供水城市取水及加压泵站的布置，加压泵站接用电源方便；⑥穿越河道、铁路、公路的数量少，以便于施工。

调水工程调水线路选择直接影响线路长度和输水扬程。现阶段内蒙古自治区现有的和规划中的调水工程中，从输水线路长度方面考虑，线路最长的是"引渤济锡"工程（约为656.4千米），线路最短的"引嫩济锡（霍）（约341千米），扬程最大的是"引渤济锡"工程（约为1170米），扬程最小的是"引绰济辽"工程（自流）。

表4—5　　　各调水规划调水线路及长度和输水扬程汇总

序号	工程	调水路线	线路长度（千米）	总扬程（米）
1	"引嫩济锡"	嫩江干流右岸取水—乌拉盖水库	345	960
2	"引嫩济锡（霍）"	绰尔河入嫩江河口—乌拉盖水库	341（直线距离）	980

续表

序号	工程	调水路线	线路长度（千米）	总扬程（米）
3	"引渤济锡"	锦州市—朝阳市—赤峰市—锡林浩特	656.4	1170
4	"引绰济辽"	嫩江绰尔河口（文得根水库）—西辽河	389.52	0（自流）

数据来源："引嫩济锡"数据来自《引嫩济锡工程调水方案》；"引嫩济锡（霍）"数据来自《引嫩济锡（霍）工程规划报告》；"引渤济锡"数据来自《引渤济锡海水输送工程方案规划报告》；"引绰济辽"数据来自《引绰济辽工程可行性研究报告》。

三　工程投资分析

调水工程水源及输水线路选择的合理与否对工程投资影响极大。内蒙古自治区现有的和规划中的调水工程中，从总投资方面考虑，总投资最高的是"引渤济锡"工程（341.82亿元），总投资最低的是"引嫩济锡"工程（181.37亿元）；从单方水投资方面考虑，单方水投资最高的是"引渤济锡"工程（73.35元），单方水投资最低的是"引嫩济锡"工程（60.46元）。

表4—6　　　　　　　　各调水规划工程投资汇总

序号	工程方案	方案编制年份	总投资（当年价）（亿元）	总投资（2015年价）（亿元）	单方投资（当年价）（元）	单方投资（2015年价）（元）
1	"引嫩济锡"	2015	181.37	181.37	60.46	60.46
2	"引渤济锡"	2005	270	341.82	84.38	73.35
3	"引绰济辽"	2015	237.48	237.48	42.87	42.87
4	"引嫩济锡（霍）"	2015	—	—	—	—

注："引嫩济锡（霍）"没有做工程投资估算。

数据来源："引嫩济锡"数据来自《引嫩济锡工程调水方案》；"引渤济锡"数据来自《引渤济锡海水输送工程方案规划报告》；"引绰济辽"数据来自《引绰济辽工程可行性研究报告》。

四　生态环境影响分析

调水工程对生态环境的影响主要从对调出区与调水沿线自然保护区两个方面，分析工程产生的不利影响。

（一）工程对调出区的生态环境影响分析

1. 对水生生态的影响

（1）"引嫩济锡"工程和"引嫩济锡（霍）"工程：嫩江鱼类有两个不同气候类群，一类为北方低温冷水性鱼类，一类为暖水和温水性鱼类。山区支流及其相邻水域为北方低温冷水性鱼类集中的水域，平原河道和嫩江主河道及相邻水域为温暖气候鱼类集中水域。北方低温冷水鱼类有江鳕、乌苏里白鲑、细鳞鱼、哲罗鱼、黑龙江杜父鱼等种群，温暖气候鱼类有雷氏七鳃鳗、日本七鳃鳗、长须鮈、棒花鱼、重唇鱼等种群。其中雷氏七鳃鳗被列入《中国濒危动物红皮书·鱼类》。

"引嫩济锡"工程或"引嫩济锡（霍）"工程的规划调水量约占嫩江多年平均径流量的不到2%，调水工程修建后对嫩江鱼类等水生生物有一定的不利影响，但影响较小。

（2）"引渤济锡"工程：工程的取水量为3.2亿立方米/年，其对渤海几乎没有影响；取水工程建设对区域的海洋生物产生一定的影响，但比较有限。

（3）"引绰济辽"工程：文得根水利枢纽修建后，库区喜流水性鱼类如黑龙江茴鱼种群数量将减少，而喜静水、缓水生活鱼类如鲤科的鲤、鲫、鲶、黄颡鱼、乌鳢、银鮈、鳜等，以及泥鳅、花鳅、餐条、棒花鱼等小型鱼类种群和数量将明显增加。

水利枢纽修建以后，绰尔河文得根坝下流量会在一定程度上减少、河流水深降低，导致鱼类的栖息环境减少、庇护场缺失，对鱼类生长、繁殖均产生不利影响。

文得根水库库区能够提供广阔的越冬场，鱼类能够在库区 5 米左右深的水体中安全越冬，对库区上游鱼类越冬有利。

绰尔河干流是黑龙江茴鱼、细鳞鱼等索饵洄游鱼类的洄游通道。文得根水利枢纽工程实施后将对洄游通道产生阻隔。根据本次鱼类资源调查，这些鱼类的产卵场、越冬场主要分布在绰尔河上游，可见绰勒水库的修建已经对这些鱼类的洄游通道造成了一定程度的阻隔，文得根水利枢纽修建后将对绰尔河干流造成进一步阻隔，对文得根至绰勒水库河段鱼类资源和分布产生不利影响。

2. 对陆生生态系统的影响

水库修建后占用林地草地，水库占地影响流域的林业资源，减少野生动物栖息地范围，对区域陆生生态系统产生一定的不利影响；水库修建过程中产生的弃土弃渣会占用一定的临时用地，对当地生态环境产生一定不利影响，可通过加强水土保持生态修复措施降低不利影响。

（二）工程对调水沿线自然保护区的影响分析

由收集的全国自然保护区分布图与工程相关的调水路线布置图，借助 GIS 技术，采用空间分析方法认真分析了工程调水从调水起点到终点与自然保护区的关系，初步得出：

1. "引嫩济锡"和"引嫩济锡（霍）"工程可能和位于通辽市扎鲁特旗的省级罕山自然保护区及省级赫斯格淖尔自然保护区2个自然保护区有关。

2. "引渤济锡"工程可能与辽宁省朝阳市朝阳县省级清风岭自然保护区、内蒙古赤峰市松山区上窝铺自然保护区、内蒙古克什克腾旗自然保护区及辽宁省市县级朝阳花坤孙家店自然保护区、国家级达里诺尔鸟类自然保护区5个自然保护区有关。

3. "引绰济辽"工程：经与建设单位、设计单位、自然保护区主管单位密切联系和沟通，并经自然保护区主管单位核实和确认后，确定了与自然保护区的关系工程和其中的2个自然保护区有关。输水线路先后穿过内蒙古科右中旗五角枫自治区级自然保护区以及通辽市莫力庙水库市级自然保护区的实验区（见表4—7）。

表4—7　　　"引绰济辽"工程与自然保护区的位置关系

序号	涉及自然保护区名称	占用情况或最近距离
1	内蒙古科右中旗五角枫自治区级自然保护区	穿越实验区17.9千米，距缓冲区390米
2	莫力庙水库盟市级自然保护区	穿越实验区1.14千米，距缓冲区200米
3	科尔沁国家自然保护区	最近距离100米

序号	涉及自然保护区名称	占用情况或最近距离
4	兴安盟青山国家级自然保护区	最近距离 7.92 千米
5	乌力胡舒自治区级自然保护区	最近距离 9.1 千米
6	荷叶花湿地珍禽自治区级自然保护区	最近距离 4.5 千米
7	花胡硕旗县级自然保护区	最近距离 7.8 千米

数据来源：《引绰济辽工程环境影响评价》。

第三节　推荐方案可行性分析

自 2005 年以来为解决锡盟的水资源问题，已开展的有关"济锡"调水工程设想，基本考虑了所有可能为锡盟提供水源的方案。综合前期有关研究成果，通过对多个"济锡"调水工程的对比，从调入区对调水水量规模要求、调出区调水水源的可靠性、调水线路的可行性及建设投入成本等多方面的比较，本次研究认为"引嫩济锡"工程与"引渤济锡"工程有进一步深入开展研究与规划的必要性，通过工程的科学规划与实施，能够为解决锡盟水资源短缺问题提供可靠的途径。

一 "引嫩济锡"工程

(一) 调水区有充足的水源与用水指标供给锡盟

嫩江流域多年平均水资源总量为 367.75 亿立方米,其中地表水资源量为 293.86 亿立方米,地下水资源量为 137.33 亿立方米,地下水与地表水资源不重复计算量为 73.89 亿立方米。嫩江流域地表水资源可利用量 118.59 亿立方米,现状地表水利用量 65 亿立方米左右,地表水利用仍然具有较大的空间。

根据《嫩江流域水量分配方案》,2020 年分配给内蒙古的地表水利用总量为 33.38 亿立方米,流域内内蒙古现状地表水利用量不足 15 亿立方米,实施"引嫩济锡"自内蒙古东部的嫩江干流调水 3 亿立方米解决其西部的水资源短缺问题,从水量、从指标方面都具有可行性。

(二) 调水区取水口与调入区不存在跨省级行政区

拟定取水工程位于内蒙古自治区兴安盟扎赉特旗旗政府所在地音德尔镇与黑龙江省泰来县交界的嫩江干流右岸,其距音德尔镇 46 千米,距泰来县 48 千米,距其下游的江桥水文站 15 千米。取水口与受水区均在内蒙古境内,整体工程不存在跨省级行政区,其审批、建设协调的可行性难度相对较小。

（三）满足受水区用水需求的调水量规模下工程投入成本相对经济

该方案于 2015 年设计，按当年价格计算该项工程静态总投资 181.37 亿元，按远期调水量 3 亿立方米，单方水投资约 60.46 元。

引嫩济锡调水工程自扎赉特旗嫩江岸边设泵站取水，经一级、二级加压至三级泵站至乌拉盖水库后，分别输水至锡林浩特市、阿巴嘎旗、二连浩特市等 7 个市、旗。需对投资按照每一分水节点顺序逐级进行分摊。每一分水节点需分摊节点以前共用工程投资，以各节点取水量所占的比例进行分摊计算。再以各分水节点的投资分摊结果分析计算各分水节点供水成本。通过供水成本计算，引嫩济锡调水工程 3 亿立方米的调水规模，单方供水成本平均约 13.603 元/立方米，单方运行成本平均约 11.789 元/立方米。供水成本与运行成本随着距取水口距离增加而增大，锡林浩特市供水成本最低，分别为 8.726 元/立方米和 7.563 元/立方米；正镶白旗供水线路最长，供水成本与运行成本最高，分别为 25.724 元/立方米和 22.294 元/立方米；极度缺水的二连浩特市利用调水工程水源的供水成本与运行成本分别为 13.397 元/立方米和 11.610 元/立方米。

该工程的投资成本与供水运行成本虽然有些偏高，

但是随着区域经济社会的发展，经济承受能力的不断
提高，其投资与运行是可以实现的。而且还有锡盟重
要的生态安全屏障、北疆边境稳定等战略地位因素，
国家的支持也将促进调水工程的实现。

二　"引渤济锡"工程

与前述"引渤济锡"工程不同，本研究推荐在水源
取水口建设淡化水工程，将淡化的海水由输水管道经锦
州、朝阳、赤峰，送入锡林郭勒。输水工程的设计规模
依然可参照采用《引渤济锡海水输送工程方案》，但是
可以考虑对沿线开放相应分水口，使得工程沿线一同
受益。

（一）淡化海水输送，水源不受限制且源头淡化运行可靠性高

工程实施将淡化海水向锡盟输送。海水利用的管理
目前尚未纳入最严格水资源管理总量控制目标内。而
且，海水作为非传统水源，目前国家正在积极推广利
用。锡盟调水以海水为资源，调水规模不受限制。工程
设计了3.2亿立方米/年规模的输水工程，扣除输水损
失，能够满足锡盟的需水缺口。另外，在水源取水区开
展海水淡化，淡化后的浓盐水还可以直接回排入海中，
避免由于输送海水对沿途生态可能造成潜在风险，提高

了海水淡化的可靠性。

（二）海水淡化技术极为成熟，处理成本不断降低

海水淡化技术经过多年的快速发展，目前已基本成熟，电渗析、反渗透和蒸馏法（多级闪蒸、压气蒸馏和低温多效蒸馏）等海水淡化技术的研究开发，都取得相当大的进展，而且工艺技术的进一步完善，以及新材料、新工艺的应用研发依然空前活跃，为推广使用淡化海水奠定了基础。不仅如此，技术的进步、规模大型化以及建设和运行管理机制的不断创新使得海水淡化的成本逐步降低。目前海水淡化的最低销售成本价格已降至4.0 元/立方米，增加了海水淡化推广使用的可行性。

（三）前期的深入研究为"引渤济锡"工程推进提供了条件

2005 年 3 月，北京理工大学、中国石油天然气股份有限公司规划设计院、北京防护材料与技术研究所提出了《内蒙古自治区锡林郭勒盟引海水淡化开发草原生态产业项目可行性研究》的报告，研究把锡林郭勒盟的生态改善工程与褐煤开发战略有机结合。该项目的核心内容是通过修建引渤济锡海水输送工程，综合利用当地丰富的褐煤资源进行就地深加工，转化为燃气供应京、津等城市。项目计划每年引渤海海水 3.2 亿立方米至锡林浩特，以解决褐煤炼化燃气时的降温问题，同时利用炼化过程中产生的废热将海水进行淡化处理。

2005 年锡林郭勒盟行署和山西连顺能源有限公司从矿产资源开发需要水的角度，委托中国水利水电科学研究院编制《引渤济锡海水输送工程方案规划报告》，完成了引渤济锡海水输送工程的水源工程和输水工程的工程设计。

这些前期工作都为进一步推进工程实施奠定了基础。

（四）为"引渤入疆"工程的实现打好前站

中国水资源分布严重不均，西部处于干旱半干旱区域，水资源是制约经济社会发展、生态环境改善的"瓶颈"。早期，多位专家提出了"海水西调"的设想：从大海调水，即从渤海西北的辽宁省或河北省海岸建大型提水站，将海水逐级提升约 1200 米到内蒙古东南部，再通过一条或两条人工渠道将海水引入内蒙古西部，再进入新疆，在新疆又分北、中、南三支，分别进入准噶尔盆地、土哈盆地和罗布泊。内蒙古自治区锡林郭勒盟的引海水淡化项目是一个小规模的"海水西调"工程，是"大海水西调"的前段，它的推进能够为"大海水西调"的实现积累丰富的经验与奠定良好的基础。

第五章 研究概要与方案建议

第一节 研究概要

一 锡盟地区贫乏的水资源与边疆生态环境维护、饮水安全保障矛盾显著

通过前述分析，锡盟属于水资源占有量比较低的地区，水资源天然贫乏，地均水资源仅为 9 立方米/亩，远低于全国的 222 立方米/亩，内蒙古的 37 立方米/亩，甚至邻市鄂尔多斯的 14 立方米/亩。同时，锡盟作为中国北方重要的生态安全屏障与祖国北疆安全稳定屏障，其战略地位极为重要。但是近几十年，由于剧烈的人类活动、不合理的土地利用以及全球气候变化等多种因素导致区域植被退化、土地风蚀沙化、水土流失加剧，生态极为脆弱。降水量少、蒸发量大的特征又使得恢复脆弱的沙地生态需要及时补充水量才能满足植被正常生长

发育需要。农村牧区饮水安全巩固提升也需要合格充足的水源支撑。在锡盟当前的状况下,贫乏的水资源状况与保障生态和饮水安全的矛盾越来越显著。

二 锡盟地区经济社会发展与生态环境保护亟须外调水源来支撑

锡盟是中国向北开放的重要桥头堡和充满活力的沿边经济带,具有丰富的矿产、草原等资源,正在打造中国重要的电源基地与畜牧业产业基地,建设"一带一路"口岸促进边贸经济。锡盟经济社会发展与浑善达克沙地的恢复、湿地自然保护功能区维护等都需要水资源支撑。经分析,锡盟经济社会发展与生态环境维护和改善用水总需求 2020 年约 5.96 亿立方米,2030 年约 6.74 亿立方米,进一步节水空间极为有限。充分挖潜当地水资源,考虑地表蓄水供水工程、地下机井取水工程,以及再生水利用工程,2020 年、2030 年全盟各水源供水能力只有 4.59 亿立方米、4.97 亿立方米。经济社会发展用水需求的缺口尚有 1.37 亿立方米与 1.77 亿立方米,考虑各级输水损失,锡盟经济社会毛需水量的缺口将进一步增大,毛需水缺口将达到 2.0 亿—2.5 亿立方米。这样的缺口通过本地的挖潜是难以弥补的,亟须外调水源来支撑。

三　相比而言"引嫩济锡"工程与"引渤济锡"工程是缓解锡盟水资源紧缺的较为可行的方案

通过对多个"济锡"调水工程对比，从调入区对调水水量规模要求、调出区调水水源的可靠性，调水线路的可行性及建设投入成本等多方面的比较，本次研究认为"引嫩济锡"工程与"引渤济锡"工程有进一步深入开展研究与规划的必要性，通过工程的科学规划与实施，能够为解决锡盟水资源短缺问题提供可靠的途径。"引嫩济锡"工程调水区有充足的水源与用水指标供给锡盟，且调水区取水口与调入区不存在跨省级行政区的情况，其审批、建设协调的可行性难度相对较小，同时满足受水区用水需求的调水量规模下工程投入成本相对经济；"引渤济锡"工程以淡化海水输送解决锡盟的经济社会与生态环境用水需求，海水水源不受限制，海水淡化技术经过多年的快速发展，目前已基本成熟，技术的进步、规模大型化以及建设和运行管理机制的不断创新使得海水淡化的成本逐步降低，为海水淡化的普及增大了可行性。不仅如此，"引渤济锡"还具有前期大量的可行性论证研究与规划，为工程的推进奠定了良好的基础。

四　受地形条件的限制，调水工程的经济与生态环境成本相对较高是现实

锡盟位于中国的正北方边境地区，全区地势较高，平均海拔 1000 米左右，属于著名的亚洲中部蒙古高原的东南部。无论是嫩江水源还是淡化海水，调水输送有 900—1000 米的扬程，输水线路分散到各受水旗县，输水成本较高，据分析，取水输水运行成本超过 10 元/立方米，部分偏远地区达到 22 元/立方米。而且输水线路还将通过部分自然保护区，生态保护成本相对也较高，这都是实施外调水工程必然要面对的现实。但是随着区域经济社会的发展，经济承受能力的不断提高，这样的投资与运行是可以承受的。而且还有锡盟重要的生态安全屏障、北疆边境稳定等战略地位的因素，国家的支持也将促进调水工程的实现。

第二节　方案建议

锡林郭勒盟是内蒙古地区东部的重要畜产品基地，又是重要的能源基地，受水资源的限制比较明显，为从根本上解决锡盟地区的缺水问题，综合前期相关的研究成果，通过对多个"济锡"调水工程对

比，从调入区对调水水量规模要求、调出区调水水源的可靠性、调水线路的可行性及建设投入成本等多方面的比较，本次研究认为"引嫩济锡"工程与"引渤济锡"工程有进一步深入开展研究与规划的必要性，通过工程的科学规划与实施，能够为解决锡盟水资源短缺问题提供可靠的途径。

"引嫩济锡"工程具有充足的水源与用水指标供给锡盟地区，不存在调水区取水口与调入区跨省级行政区的问题，且工程投入成本相对经济；"引渤济锡"工程为海水淡化，水源不受限制且源头淡化运行较可靠，已经开展的前期工作如北京理工大学、中国石油天然气股份有限公司规划设计院、北京防护材料与技术研究所提出了《内蒙古自治区锡林郭勒盟引海水淡化开发草原生态产业项目可行性研究》的报告，该项目的核心内容是修建"引渤济锡"海水输送工程，为"引渤济锡"工程的实现奠定了条件，并且该工程的实施也为"引渤入疆"工程打好了前站。

自 2005 年至今的十多年中，自治区及盟政府积极开展的外调水源设想与前期工作为推进锡盟东水西调奠定了基础，但是，随着经济社会的发展、生态环境问题的日益突出，在国家将锡盟的发展与保护提升到战略地位的背景下，关于实施外调水工程的论证工作应尽快进入实质性推进阶段，早研究、早规划、早实施，争取早日解决锡盟的水资源困扰问题，把锡盟——祖国北部边疆这道风景线打造得更加亮丽，促进区域经济社会的可持续发展，维系与改善北疆生态屏障的安全，稳定牧区人民的生产与生活，保障"一带一路"倡议的顺利推进。

附表：

附表 1

锡盟旗县市水资源汇总

行政区划		计算面积(平方千米)	地表水资源量 多年平均径流量(m³)	地下水资源量 山丘区 计算面积(平方千米)	山丘区 地下水资源量(亿m³)	平原区 矿化度≤2克/升 计算面积(平方千米)	平原区 矿化度≤2克/升 地下水资源量(亿m³)	平原区 矿化度>2克/升 计算面积(平方千米)	平原区 矿化度>2克/升 地下水资源量(亿m³)	平原区地下水资源量(亿m³)	地下水资源总量(亿m³)	矿化度≤2克/升地下水资源量(亿m³)	地下水可开采量(亿m³)	水资源总量(亿m³)	矿化度≤2克/升水资源总量(亿m³)	地下水与地表水资源量间重复计算量(矿化度>2克/升)	地下水与地表水资源量间重复计算量(矿化度≤2克/升)
市 旗县	二连浩特市	167.92	0	0	0	167.92	101.49	0	0	101.49	101.49	101.49	71.04	101.49	101.49	0	0
锡林郭勒盟	锡林浩特市	15140.48	2305	9907.44	3344.55	4867.98	21789.48	365.06	1130.18	22919.66	22968.63	21838.45	14601.75	23935.81	22805.63	0	1337.82
	阿巴嘎旗	27117.67	22	11661.74	7495.52	12426.83	39953.4	3029.11	3326.54	43279.94	43511.21	40184.66	19518.9	43517.51	40190.96	0	15.7
	苏尼特左旗	33772.99	0	16061.73	8333.21	13333.35	18372.99	4377.91	2114.14	20487.13	23819.35	21705.2	9712.07	23819.35	21705.2	0	0
	苏尼特右旗	26827.4	0	2647.77	1185.08	19997.16	14284.93	4182.47	1869.09	16154.02	16525.1	14656.02	7476.29	16525.1	14656.02	0	0
	东乌珠穆沁旗	46263.89	32513	23981.19	26378.83	19932.55	73931.1	2350.16	4247.41	78178.5	89756.72	85509.32	56413.05	101170.8	96923.44	0	21098.88
	西乌珠穆沁旗	23171.44	19366	12880.73	12478.92	9728.03	32595.72	562.68	1980.84	34576.56	39356.45	37375.61	24132.63	49194.01	47213.17	0	9528.43
	太仆寺旗	3210.58	2785	3210.58	7116.78	0	0	0	0	0	7116.78	7116.78	4415.52	7804.49	7804.49	0	2097.29
	镶黄旗	4887.98	0	3741.99	3339.58	1145.99	2567.89	0	0	2567.89	5097.31	5097.31	2363.92	5097.31	5097.31	0	0
	正镶白旗	6327.82	66	2367.14	1742.69	3960.68	15670.23	0	0	15670.23	15380.24	15380.24	6511.39	15408.05	15408.05	0	38.19
	正蓝旗	10154.81	4979	3115.27	3997.74	7039.54	29066.74	0	0	29066.74	31044.37	31044.37	13687.78	33390.4	33390.4	0	2632.97
	多伦县	3440	11849	3440	7575.45	0	0	0	0	0	7575.45	7575.45	4545.27	12404.44	12404.44	0	7020.01
	合计	200483	73885	93015.58	82988.35	92600.03	248334	14867.39	14668.2	263002.2	302253.1	287584.9	163449.6	332368.8	317700.6	0	43769.29

附表2　锡盟污水处理厂污水处理能力及再生水生产能力汇总

| 行政区名称 | 污水处理厂 | | | | | | | 再生水 | | | | | | 管道长度（千米） |
	座数（座）	处理能力（万立方米/天）	处理量（万立方米）	干污泥无害化处置能力（吨/年）	干污泥产生量（吨）	干污泥无害化处置量（吨）	污水处理总量（万立方米）	生产能力（万立方米/天）	再生利用量（万立方米）	工业用水	市政用水（杂用水）	景观用水	其他	
锡林郭勒盟	12	14.5	2683	2190	3340	1005	2683	4.2	322	55	127	140	0	67.9
阿巴嘎旗	1	0.5	73	0	96	0	73	0.0	0	0	0	0	0	0.0
苏尼特左旗	1	0.5	61	0	110	0	61	0.0	0	0	0	0	0	0.0
苏尼特右旗	1	1.0	161	0	178	0	161	0.0	0	0	0	0	0	0.0
东乌珠穆沁旗	1	1.0	233	0	310	0	233	0.0	0	0	0	0	0	0.0
西乌珠穆沁旗	1	1.0	269	0	405	0	269	0.8	107	55	52	0	0	17.6
太仆寺旗	1	1.0	120	0	144	0	120	0.0	0	0	0	0	0	0.0
镶黄旗	1	0.5	56	0	64	0	56	0.0	0	0	0	0	0	0.0
正镶白旗	1	1.0	48	0	48	0	48	0.0	0	0	0	0	0	0.0
正蓝旗	1	1.2	165	0	236	0	165	0.0	0	0	0	0	0	0.0
多伦县	1	1.3	169	0	184	0	169	0.0	0	0	0	0	0	0.0
二连浩特市	1	1.5	336	0	560	0	336	1.4	140	0	0	140	0	39.8
锡林浩特市	1	4.0	992	2190	1005	1005	992	2.0	75	0	75	0	0	10.5